小学 **2** 年生

基礎から活用まで

まるっと算数プリント

フォーラム・A

2020年4月からの新教育課程にあわせて編集したのが本書です。本シリーズは小学校の算数の内容をすべて取り扱っているので「まるっと算数プリント」と命名しました。

はじめて算数を学ぶ子どもたちも、ゆっくり安心して取り組めるように、問題の質や量を検討しました。算数の学習は積み重ねが大切だといわれています。1日10分、毎日の学習を続ければ、算数がおもしろくなり、自然と学習習慣も身につきます。

また、内容の理解がスムースにいくように、図を用いたりして、わかりやすいくわしい解説を心がけました。重点教材は、念入りにくり返して学習できるように配慮して、まとめの問題でしっかり理解できているかどうか確認できるようにしています。

各学年の内容を教科書にそって配列してありますので、日々の家庭学習にも十分使えます。

このようにして算数の基礎基本の部分をしっかり身につけましょう。

算数の内容は、これら基礎基本の部分と、それらを活用する力が問われます。教科書は、おもに低学年から中学年にかけて、計算力などの基礎基本の部分に重点がおかれています。中学年から高学年にかけて基礎基本を使って、それらを活用する力に重点が移ります。

本書は、活用する力を育てるために「特別ゼミ」のコーナーを新設しました。いろいろな問題を解きながら、算数の考え方にふれていくのが一番よい方法だと考えたからです。楽しみながらこれらの問題を体験して、活用する力を身につけましょう。

本書を、毎日の学習に取り入れていただき、算数に興味をもっていただくとともに活用する力も伸ばされることを祈ります。

特別ゼミ　　積み木の計算

右のように積み木があります。1番下の段の積み木の数をたしてその上の積み木にかきます。5＋7＝12、7＋3＝10が2段目の積み木です。さらに3段目は12＋10＝22となります。
上の段から下の段に行くときはひき算になります。

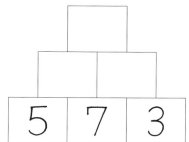

目　次

学習日	なまえ
月　日	

1 下の どうぶつの 絵の 数を しらべましょう。

① りす、ねこ、いぬ、うさぎの 絵の 数だけ □に 色を ぬりましょう。

りす ☐☐☐☐☐☐☐

ねこ ☐☐☐☐☐☐☐

いぬ ☐☐☐☐☐☐☐

うさぎ ☐☐☐☐☐☐☐

② 絵の 数を ひょうに かきましょう。

	りす	ねこ	いぬ	うさぎ
数(まい)	6			

③ 絵の 数を グラフに かきましょう。

どうぶつの 絵

○の 数で あらわしましょう。

○			
○			
○			
○			
○			
○			
りす	ねこ	いぬ	うさぎ

どうぶつの名→

学習日　月　日

なまえ

いろを ぬろう　わからない　だいたいできた　できた！

1 下の どうぶつの 絵の 数を しらべましょう。

① ぞう、ねずみ、さる、パンダの 絵の 数だけ □に 色を ぬりましょう。

ぞ　う

ねずみ

さ　る

パンダ

② 絵の 数を ひょうに かきましょう。

	ぞ　う	ねずみ	さ　る	パンダ
数（まい）	5			

③ 絵の 数を グラフに かきましょう。

どうぶつの 絵

○の 数で あらわしましょう。

			○
			○
			パンダ

どうぶつの 名→

6

② たし算のひっ算 ①

学 習 日	なまえ
月　日	

1 水野さんは 23まいの カードを、丸山さん は 25まいの カードを もっています。 あわせて 何まいですか。

　　　　タイルの 図で 考えます。くらいを そろえて かいて、一のくらいから 計算します。

十の くらい	一の くらい
2	3
2	5
+	
4	8

```
   2 3
 + 2 5
 ─────
   4 8
```

しき □ + □ = □

答え 48まい

2 つぎの 計算を しましょう。

①
```
   2 3
 + 4 5
 ─────
   6 8
```

②
```
   4 1
 + 4 5
 ─────
```

③
```
   7 4
 + 2 3
 ─────
```

④
```
   5 2
 + 3 5
 ─────
```

⑤
```
   5 3
 + 2 6
 ─────
```

⑥
```
   4 1
 + 1 8
 ─────
```

7

2 たし算のひっ算 ②

1 つぎの 計算を しましょう。

①
```
  2 4
+ 3 0
```

②
```
  6 2
+ 2 0
```

③
```
  3 5
+ 1 0
```

④
```
  2 0
+ 4 4
```

⑤
```
  3 0
+ 3 7
```

⑥
```
  1 0
+ 5 4
```

2 つぎの 計算を しましょう。

①
```
  3 1
+   7
```

②
```
  2 6
+   3
```

③
```
  4 4
+   5
```

④
```
    7
+ 2 1
```

⑤
```
    6
+ 3 2
```

⑥
```
    5
+ 4 2
```

2 たし算のひっ算 ③

いろを ぬろう わからない だいたいできた できた!

1 原田さんは 27まいの カードを、山本さん は 25まいの カードを もっています。 あわせて 何まいですか。

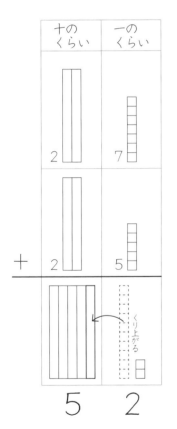

くらいを そろえて かいて、一のくらいから 計算します。

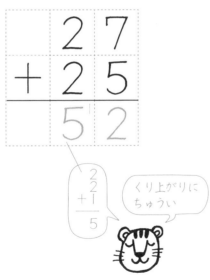

```
   2 7
+  2 5
-------
   5 2
```

くり上がりに ちゅうい

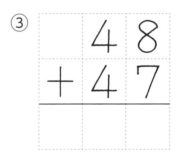

しき □ ＋ □ ＝ □

答え　　　　まい

2 つぎの 計算を しましょう。

①
```
   3 7
+  4 5
-------
   8 2
```

②
```
   2 6
+  6 6
-------
```

③
```
   4 8
+  4 7
-------
```

④
```
   7 9
+  1 8
-------
```

⑤
```
   5 6
+  2 9
-------
```

⑥
```
   3 4
+  5 8
-------
```

学習日　月　日

なまえ

いろを
ぬろう

わから
ない　だいたい
できた　できた！

1 つぎの　計算を　しましょう。

① 　25
　＋25
　　50

② 　23
　＋27

③ 　38
　＋22

④ 　45
　＋35

⑤ 　42
　＋18

⑥ 　31
　＋39

2 つぎの　計算を　しましょう。

① 　37
　＋　5

② 　13
　＋　9

③ 　　6
　＋57

④ 　　8
　＋48

⑤ 　36
　＋　4

⑥ 　47
　＋　3

学習日	なまえ
月　日	

いろを
ぬろう

わからない　だいたいできた　できた！

1 つぎの 計算を しましょう。　　**2** つぎの 計算を しましょう。

1

①
```
    3 2
 +  5 4
```

②
```
    1 4
 +  5 4
```

③
```
    3 4
 +  4 0
```

④
```
    3 2
 +    5
```

⑤
```
    3 8
 +  4 6
```

⑥
```
    3 7
 +  5 8
```

2

①
```
    6 3
 +  2 8
```

②
```
    3 5
 +  3 5
```

③
```
    4 2
 +  2 3
```

④
```
    2 5
 +  5 3
```

⑤
```
    5 7
 +    8
```

⑥
```
      8
 +  3 9
```

2 たし算のひっ算 ⑥

---

1 たす数と たされる数を 入れかえて 計算しましょう。

```
   2 7          3 4
 + 3 4        + 2 7
```

このことから、つぎの ことが わかります。

たされる数と たす数を いれかえて
計算しても、答えは 同じになります。

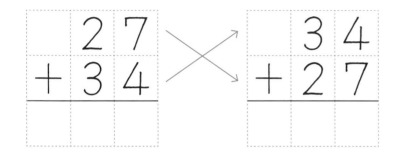

```
たされる数 ──── 2 7          3 4
たす数  ──── + 3 4        + 2 7
答え  ────    6 1          6 1
```

---

2 計算しないで、答えの 同じになる しきを 見つけて、線で むすびましょう。

① 46＋21 ・

② 35＋43 ・

③ 55＋36 ・

④ 20＋17 ・

・ ㋐ 43＋35

・ ㋑ 21＋46

・ ㋒ 55＋63

・ ㋓ 17＋20

・ ㋔ 36＋55

---

3 答えが 70になる しきを 2つ つくりましょう。

□ ＋ □ ＝70　　　□ ＋ □ ＝70

3 # ひき算のひっ算 ①

いろを
ぬろう
わからない　だいたいできた　できた！

1 いちごが 78こ あります。いま、43こ
食べました。のこりは 何こですか。

十のくらい	一のくらい
（タイル図）7	（タイル図）8
− 4	3
3	5

(■の タイルが ひかれ)
(□の タイルが のこります。)

タイルの 図で 考え
ます。くらいを そろ
えて かいて、一のくら
いから 計算します。

	7	8
−	4	3
	3	5

しき 78 − 43 = ☐

答え _____

2 つぎの 計算を しましょう。

①
	6	8
−	4	5

②
	8	6
−	3	5

③
	9	7
−	2	3

④
	8	7
−	5	2

⑤
	7	9
−	2	6

⑥
	5	9
−	1	8

学習日　月　日

なまえ

1 つぎの 計算を しましょう。

①
```
  5 9
- 2 0
─────
```

②
```
  8 6
- 6 0
─────
```

③
```
  6 9
- 3 0
─────
```

④
```
  8 1
- 4 0
─────
```

⑤
```
  7 4
- 2 0
─────
```

⑥
```
  4 5
- 1 0
─────
```

2 つぎの 計算を しましょう。

①
```
  6 6
-   5
─────
```

②
```
  4 9
-   7
─────
```

③
```
  3 5
-   2
─────
```

④
```
  2 8
-   6
─────
```

⑤
```
  7 6
-   3
─────
```

⑥
```
  5 7
-   5
─────
```

1 さくらんぼが 53こ あります。いま、25こ 食べました。のこりは 何こですか。

十のくらい	一のくらい
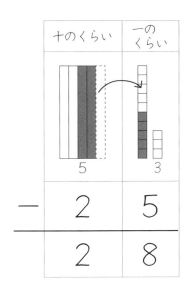

一のくらいは 3−5で、ひけません。十のくらいから 1を かりて、10に します。
10−5＝5、5＋3＝8
十のくらいは、くり下がったので 4−2＝2

```
    4
   5̸ 3
 −  2 5
 ─────
   2 8
```

しき 53 − 25 = ☐

答え _____

2 つぎの 計算を しましょう。

①
```
   8 2
 − 3 7
 ─────
```

②
```
   9 2
 − 6 6
 ─────
```

③
```
   7 5
 − 4 7
 ─────
```

④
```
   9 7
 − 7 9
 ─────
```

⑤
```
   8 5
 − 5 6
 ─────
```

⑥
```
   7 2
 − 4 3
 ─────
```

学習日　月　日

なまえ

1 つぎの 計算を しましょう。

①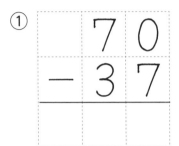
```
  7 0
- 3 7
```

②
```
  8 0
- 4 2
```

③
```
  9 0
- 5 5
```

④
```
  5 0
- 4 8
```

⑤
```
  6 0
- 5 3
```

⑥
```
  4 0
- 3 4
```

2 つぎの 計算を しましょう。

①
```
  7 2
-   8
```

②
```
  4 3
-   7
```

③
```
  8 5
-   6
```

④
```
  5 6
-   9
```

⑤
```
  6 2
-   5
```

⑥
```
  9 3
-   4
```

1 つぎの 計算を しましょう。

①
```
  8 6
− 5 4
```

②
```
  7 8
− 5 2
```

③
```
  5 3
− 2 0
```

④
```
  2 7
−   5
```

⑤
```
  7 2
− 4 7
```

⑥
```
  8 5
− 5 6
```

2 つぎの 計算を しましょう。

①
```
  4 3
− 1 8
```

②
```
  4 0
− 2 5
```

③
```
  7 9
− 3 6
```

④
```
  5 8
− 2 8
```

⑤
```
  6 3
−   9
```

⑥
```
  5 0
− 4 7
```

3 ひき算のひっ算 ⑥

学習日　月　日

なまえ

いろを
ぬろう

1 ひき算の　答えに、ひく数を　たすと、どうなるでしょう。計算して　みましょう。

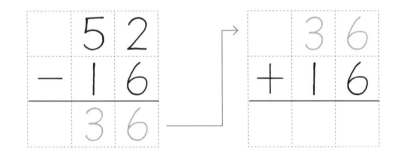

$$
\begin{array}{r}
5\ 2 \\
-\ 1\ 6 \\
\hline
3\ 6
\end{array}
\qquad
\begin{array}{r}
3\ 6 \\
+\ 1\ 6 \\
\hline
\end{array}
$$

このことから、つぎの　ことが　わかります。

ひき算の　答えに　ひく数を　たすと
ひかれる数に　なります。

ひかれる数 ──────── 5 2　　　　3 6
ひく数 ──────── − 1 6　　 + 1 6
答え ──────── 3 6　　　 5 2

2 ひき算の　たしかめになる　たし算の　しきを　見つけて、線で　むすびましょう。

・ ㋐ 24＋24

① 54−36 ・

・ ㋑ 18＋36

② 48−24 ・

・ ㋒ 48＋24

③ 63−47 ・

・ ㋓ 16＋47

④ 78−18 ・

・ ㋔ 60＋18

3 答えが　18になる　しきを　2つ　つくりましょう。

□ − □ = 18　　　□ − □ = 18

18

長さは、1センチメートルが　いくつ分
あるかで　あらわします。**センチメートル** は
長さの　たんいで **cm** とかきます。

長さを　はかるとき　ものさしを
つかいます。

1　長さを　正しく　はかっているのは
どれですか。○を　つけましょう。

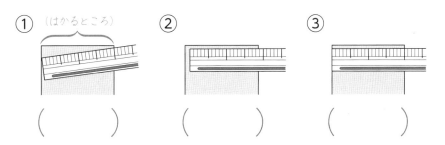

① （はかるところ）　②　　　③

（　　　）　　（　　　）　　（　　　）

2　つぎの　ものの　長さは　どれだけですか。

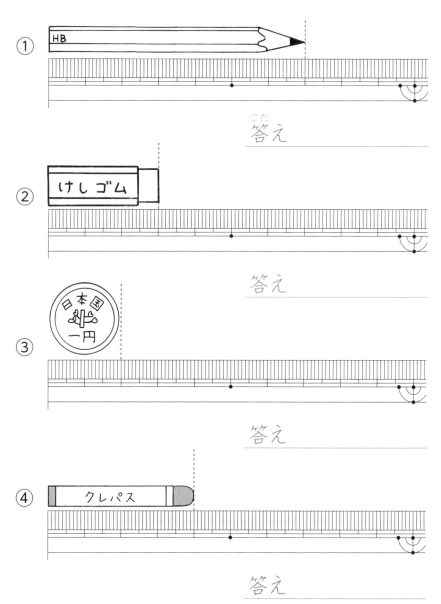

① HB

答え＿＿＿＿＿＿＿＿＿＿＿

② けしゴム

答え＿＿＿＿＿＿＿＿＿＿＿

③ 日本国　一円

答え＿＿＿＿＿＿＿＿＿＿＿

④ クレパス

答え＿＿＿＿＿＿＿＿＿＿＿

なまえ

いろを
ぬろう

わからない　だいたいできた　できた！

1 １cm ほうがんの 上に ある 直線の
長さは それぞれ 何cm ですか。

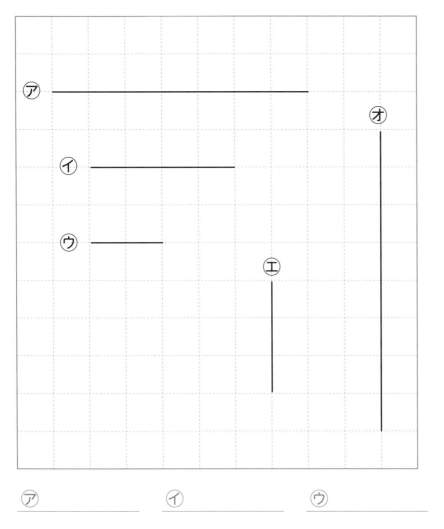

ⓐ＿＿＿＿＿＿　　ⓘ＿＿＿＿＿＿　　ⓤ＿＿＿＿＿＿

ⓔ＿＿＿＿＿＿　　ⓞ＿＿＿＿＿＿

2 １cm ほうがんを つかって ・から 右へ
直線を ひきましょう。

ⓐ　８cm　　　ⓘ　６cm　　　ⓤ　３cm

ⓔ　５cm　　　ⓞ　４cm

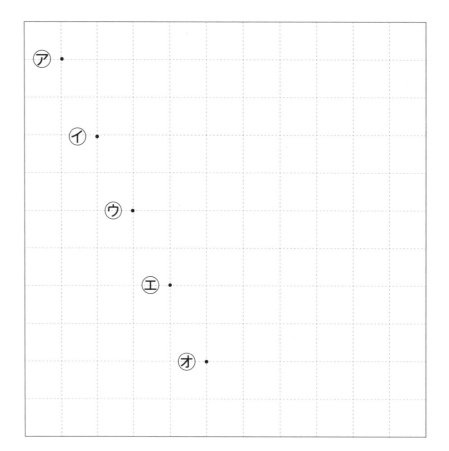

目もりが　1cmの　ものさしでは　はんぱの　長さは　わかりません。そこで　1cmを　同じ　長さに　10に　分けた　1つ分の　長さを　1ミリメートル　と　いい、1mm　と　かきます。

$$1cm = 10mm$$

1mm 1mm 1mm

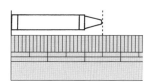

クレヨンの　長さは　2cm5mmでした。

1 つぎの　長さは　何cm何mmですか。

cm　　　　mm

2 つぎの　長さは　何cm何mmですか。

①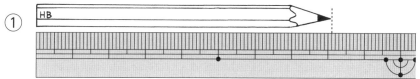

cm　　　　mm

②

cm　　　　mm

③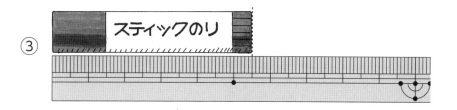

スティックのり

cm　　　　mm

学 習 日　月　日

なまえ

1 つぎの 長さは 何cm何mmですか。
　ものさしで はかりましょう。

①

　　　　　　　　　　cm　　　　mm

②

　　　　　　　　　　cm　　　　mm

③

　　　　　　　　　　cm　　　　mm

④

　　　　　　　　　　cm　　　　mm

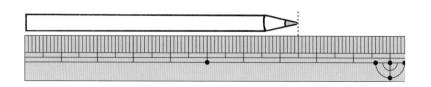

えんぴつの 長さは 7cm5mmです。
　　　　　　　1cm＝10mm
なので 7cm5mmは 75mmに なります。

2 □に あてはまる 数を かきましょう。

① 4cm＝ □ mm

② 60mm＝ □ cm

③ 3cm7mm＝ □ mm

④ 28mm＝ □ cm □ mm

⑤ 79mm＝ □ cm □ mm

22

なまえ

いろを ぬろう
わからない　だいたいできた　できた！

1 つぎの 長さの 直線を ひきましょう。

①　4cm　　　　②　6cm5mm

③　5cm4mm　　④　77mm

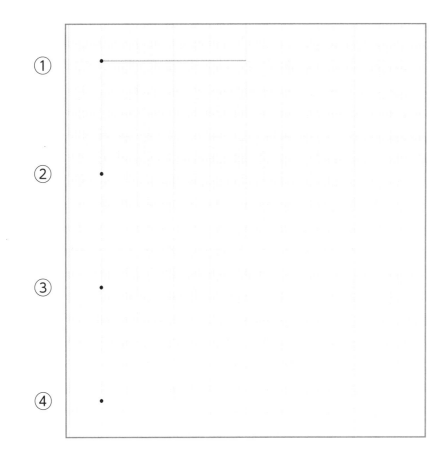

①
②
③
④

2 つぎの 計算を しましょう。

①　4cm＋3cm＝□cm

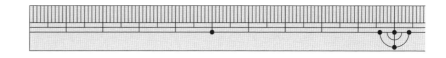

②　5cm＋4cm＝□cm

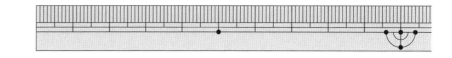

③　7cm－3cm＝□cm

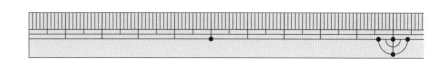

④　10cm－4cm＝□cm

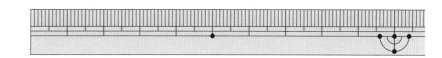

23

4 長 さ ⑥

学習日　月　日

なまえ

いろを
ぬろう

わから
ない　だいたい
できた　できた!

1 つぎの 計算を しましょう。

① 5cm4mm＋4cm＝ □ cm □ mm

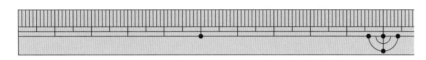

② 8cm3mm－3cm＝ □ cm □ mm

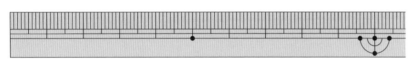

③ 5mm＋3cm2mm＝ □ cm □ mm

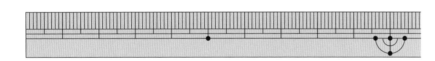

④ 3cm6mm－2mm＝ □ cm □ mm

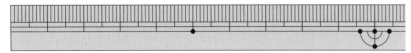

2 つぎの 計算を しましょう。

① 3mm＋4mm＝ □ mm

② 5mm＋7mm＝ □ mm

③ 6mm－2mm＝ □ mm

④ 17mm－8mm＝ □ mm

⑤ 2cm3mm＋2cm＝ □ cm □ mm

⑥ 2mm＋3cm3mm＝ □ cm □ mm

⑦ 4cm8mm－4mm＝ □ cm □ mm

⑧ 3cm1mm－2cm＝ □ cm □ mm

学習日	なまえ
月　日	

1 いちごは 何(なん)こ ありますか。

100を　タイルで　あらわすと

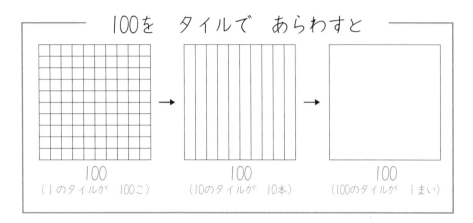

100
（1のタイルが　100こ）
→
100
（10のタイルが　10本）
→
100
（100のタイルが　1まい）

25ページの　いちごを　10こずつ
かこみました。

（れい）

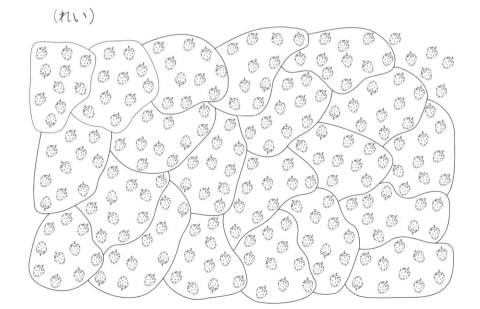

いちごは　ぜんぶで　216こ　ありました。

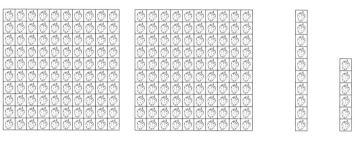

タイルで　あらわすと（タイル図）

100の
タイルは
図のように
かさねて
かきます。

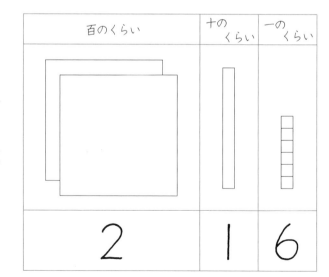

百のくらい	十のくらい	一のくらい
2	1	6

26

学 習 日	なまえ
月　日	

1 タイルを 数に しましょう。

①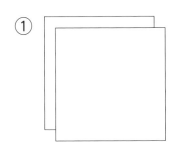

　　　　　　　　　　答え ＿＿＿＿＿＿

②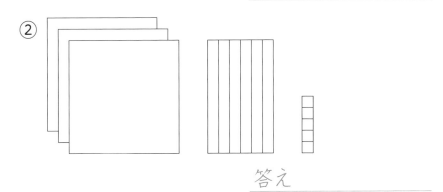

　　　　　　　　　　答え ＿＿＿＿＿＿

③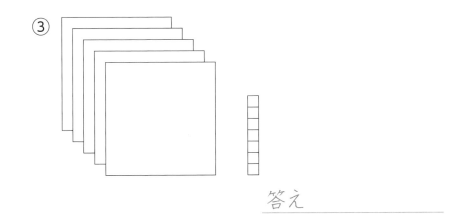

　　　　　　　　　　答え ＿＿＿＿＿＿

2 つぎの 数を かきましょう。

① 100を 7こと、10を 5こと、1を 4こ
あわせた数 　　　　　　　　□

② 100を 8こと、10を 4こと、1を 6こ
あわせた数 　　　　　　　　□

③ 100を 6こと、10を 3こ あわせた
数 　　　　　　　　□

④ 100を 1こと、10を 2こ あわせた
数 　　　　　　　　□

⑤ 100を 3こと、1を 7こ あわせた
数 　　　　　　　　□

⑥ 100を 7こと、1を 4こ あわせた
数 　　　　　　　　□

学習日 月 日

なまえ

いろを ぬろう
わからない だいたいできた できた!

1 □に あてはまる数を かきましょう。

① 531は、100を □ こ、10を □ こ、1を □ こ あわせた 数です。

② 765は、100を □ こ、10を □ こ、1を □ こ あわせた 数です。

③ 430は、100を □ こ、10を □ こ あわせた 数です。

④ 208は、100を □ こ、1を □ こ あわせた 数です。

⑤ 百のくらいの 数字が 8、十のくらいの 数字が 4、一のくらいの 数字が 2の 数は □ です。

200と 300を くらべると 300の 方が 大きいです。
それを 200<300 と あらわします。

200 < 300

2 大小の きごう<, >を □に 入れましょう。

① 741 □ 729   ② 902 □ 899

③ 407 □ 470   ④ 234 □ 243

3 つぎの 数を かきましょう。

① 300より 400 大きい 数は □

② 800より 500 小さい 数は □

③ 900より 90 大きい 数は □

④ 900より 99 大きい 数は □

5 100より大きい数 ⑤

学習日　月　日

なまえ

いろを
ぬろう

わからない　だいたいできた　できた！

1 数の 直線（数直線）を 考えましょう。1目もりは 1です。⑦、⑦、⑦、⑦、⑦の 数を かきましょう。

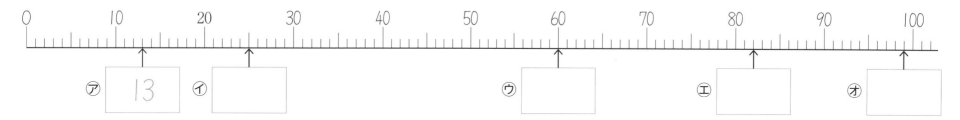

⑦ 13　⑦ □　⑦ □　⑦ □　⑦ □

2 1目もりは、10です。⑦、⑦、⑦、⑦、⑦の 数を かきましょう。

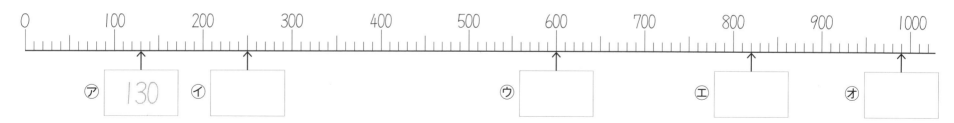

⑦ 130　⑦ □　⑦ □　⑦ □　⑦ □

3 下の 数直線に、⑦ 280、⑦ 410、⑦ 560、⑦ 740、⑦ 960を かきましょう。

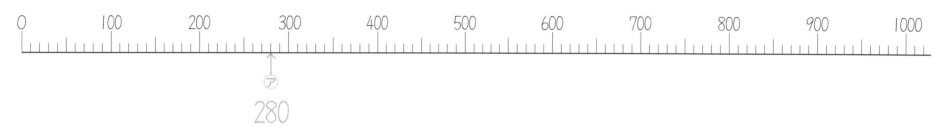

⑦ 280

10を 10こ あつめた 数は 100に なります。

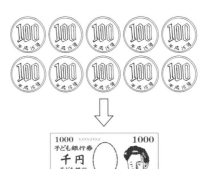

100を 10こ あつめた 数は 千と いい、1000と かきます。

1 □に あてはまる 数を かきましょう。

① 10を 21こ あつめた 数は

② 10を 32こ あつめた 数は

③ 10を 40を あつめた 数は

④ 480は 10を □こ あつめた 数

⑤ 560は 10を □こ あつめた 数

⑥ 800は 10を □こ あつめた 数

2 □に あてはまる 数を かきましょう。

① 100を 8こ あつめた 数は

② 100を 10こ あつめた 数は

③ 700は 100を □こ あつめた 数

④ 1200は 100を □こ あつめた 数

30

なまえ

30＋40の　計算を　考えます。

10円玉が　3まいと、4まいを　あわせた
数の　7まいで　70円に　なります。10の　か
たまりで　考えれば、　3＋4＝7　です。

$$30 + 40 = \boxed{70}$$

50−30の　計算は　どうでしょう。

10円玉　5まいから　3まい　とって、のこ
りの　2まいで　20円です。10の　かたまりで
考えれば、5−3＝2です。

$$50 - 30 = \boxed{20}$$

1 つぎの　計算を　しましょう。

① $30 + 90 =$ ☐

② $40 + 70 =$ ☐

③ $80 + 60 =$ ☐

④ $70 + 90 =$ ☐

⑤ $70 - 20 =$ ☐

⑥ $100 - 40 =$ ☐

⑦ $120 - 50 =$ ☐

⑧ $160 - 90 =$ ☐

学習日　月　日

なまえ

いろを
ぬろう

わから　だいたい　できた！
ない　できた

300＋200の　計算を　考えます。

100円玉が　3まいと、2まいを　あわせた　数の　5まいで　500円に　なります。100の　かたまりで　考えれば、3＋2＝5　です。

300 ＋ 200 ＝ 500

600－300の　計算は　どうでしょう。

100円玉　6まいから　3まい　とって、のこりの　3まいで　300円です。100の　かたまりで　考えれば、6－3＝3　です。

600 － 300 ＝ 300

1 つぎの　計算を　しましょう。

① 300＋500＝ ☐

② 400＋400＝ ☐

③ 800＋700＝ ☐

④ 900＋900＝ ☐

⑤ 600－200＝ ☐

⑥ 800－400＝ ☐

⑦ 1000－300＝ ☐

⑧ 1000－600＝ ☐

学習日　月　日
なまえ
いろを
ぬろう
わから
ない　だいたい
できた　できた!

やかんや　ポットに　入る　水の
かさを　はかるとき、1リットルま
すを　つかいます。
　1リットルは　1Lと　かきます。

1 水の　かさは、それぞれ　何(なん)L ですか。

①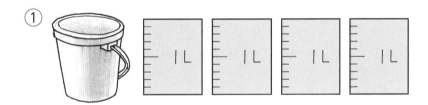

答(こた)え _____

②

答え _____

2 水の　かさは、それぞれ　何L ですか。

①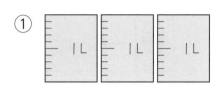

答え _____

②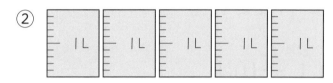

答え _____

3 つぎの　計算(けいさん)を　しましょう。

① $2L + 3L = \boxed{} L$

② $5L + 6L = \boxed{} L$

③ $6L - 2L = \boxed{} L$

④ $10L - 7L = \boxed{} L$

6 水のかさ ②

ジュースの かさを はかります。 １Ｌを 10こに 分けた １つ分を １デシリットルと いい １dL と かきます。

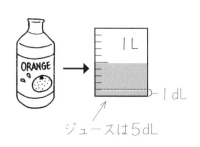

ジュースは 5dL

$$1L = 10dL$$

1 つぎの かさを ⑦、⑧の あらわしかたで かきましょう。

①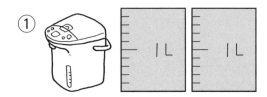

⑦　　　L　　　dL
⑧　　　　　　　dL

②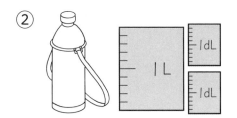

⑦　　　L　　　dL
⑧　　　　　　　dL

2 ２つの ポットが あります。 ⑦は 水が １Ｌ５dL 入り、⑧は 水が １Ｌ 入ります。

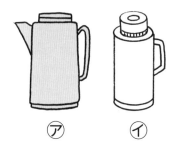

⑦　　⑧

① あわせて 水は 何L何dLですか。

１L５dL＋１L＝□ L □ dL

② ちがいは 何dLですか。

１L５dL－１L＝□ dL

3 つぎの 計算を しましょう。

① ２L３dL＋４dL＝□ L □ dL

② ３L４dL＋５dL＝□ L □ dL

③ １L６dL－３dL＝□ L □ dL

6 水のかさ ③

学習日　月　日

なまえ

いろを
ぬろう
わからない　だいたいできた　できた！

dLより 小さい かさを あらわす たんい
に ミリリットルが あります。
　ミリリットル は mL と かきます。

$$1L=1000mL \quad 1dL=100mL$$

1 かさの たんい（L、dL、mL）を かき
ましょう。

① 1 [　] =1000 [　]

② 2 [　] =200 [　]

2 びんと かんの ジュースが
あります。

500mL　350mL

① 2つ あわせて 何mL
ですか。

$$500mL+350mL=\boxed{} mL$$

② ちがいは 何mL ですか。

$$500mL-350mL=\boxed{} mL$$

3 [　]に あてはまる 数を かきましょう。

① 2L=[　] dL=[　] mL

② [　] L=50dL=[　] mL

③ [　] L=[　] dL=7000mL

35

1 □に あてはまる 数を かきましょう。

① 1Lは、1dLを □ こ あつめた かさです。

② 4Lは、1Lの かさ □ つ分の かさです。

③ 3L4dLは、□ dLです。

④ 63dLは、□ L □ dLです。

⑤ 2L8dLは、□ mLです。

⑥ 5800mLは、□ L □ dLです。

2 2つの かさを くらべて、多い 方に ○を つけましょう。

① { ( ) ⑦ 430mL
( ) ⑦ 4L

② { ( ) ⑦ 2L
( ) ⑦ 21dL

③ { ( ) ⑦ 1L
( ) ⑦ 9dL

④ { ( ) ⑦ 7dL
( ) ⑦ 670mL

⑤ { ( ) ⑦ 28dL
( ) ⑦ 200mL

学習日 月 日 / なまえ / 点 / ごうかく 80～100点

1 つぎの たんいに なおしましょう。 （1つ5点）

① 1L8dL = ☐ mL

② 3L4dL = ☐ mL

③ 4dL = ☐ mL

④ 36dL = ☐ mL

⑤ 700mL = ☐ dL

⑥ 1200mL = ☐ dL

⑦ 2400mL = ☐ L ☐ dL

⑧ 4300mL = ☐ L ☐ dL

2 ジュースが 1L あります。2dL のみました。のこりは 何dLですか。 （しき15点、答え15点）

しき _____

答え _____

3 4Lの お茶が あります。2本の ペットボトルに 1L5dLずつ 入れます。のこりは 何Lですか。 （しき15点、答え15点）

しき _____

答え _____

7時　　　　　　　　　7時30分

　かなさんが、朝食を 食べはじめた 時こくは 7時です。食べおわった 時こくは 7時30分です。食べはじめた 時こくから、食べおわる 時こくの 間を **時間**と いいます。

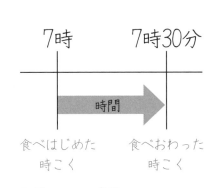

7時　　　7時30分

時間

食べはじめた　食べおわった
時こく　　　　時こく

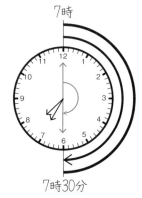

7時

7時30分

　時計の 長い はりが 1まわり する 時間は 1時間です。

1時間＝60分

---

1 時計を 見て 答えましょう。

① 時こくは 何時ですか。

答え _____

② 1時間後は、何時ですか。

答え _____

③ 1時間前は、何時ですか。

答え _____

④ 長い はりは 何分で 1まわり しますか。

答え _____

⑤ みじかい はりは 1時間で 何目もり すすみますか。

答え _____

1　1日の　生活です。

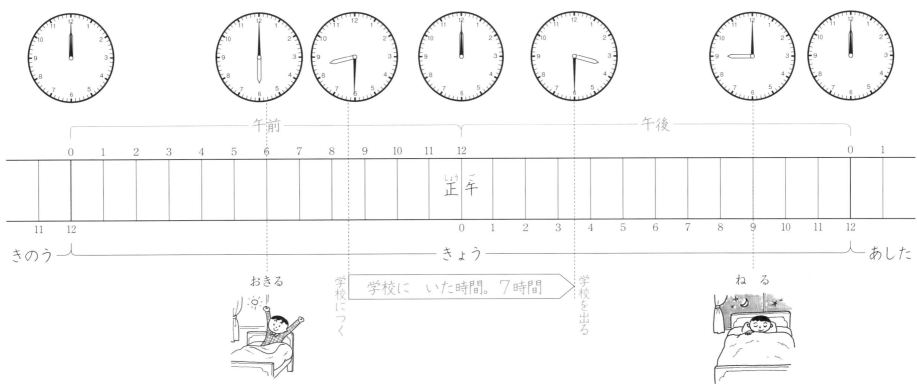

① 朝　おきた　時こくは □ 6時です。ねたのは □ 9時です。

② 学校に　ついた　時こくは、午前 □ 時 分 、学校を　出たのは　午後 □ 時 分 で家に　帰りました。　学校にいた　時間は □ 時間です。

③ 午前は □ 時間で、午後は □ 時間です。1日は □ 時間です。

39

7 時こくと時間 ③

学習日　月　日
なまえ

いろをぬろう

1 午前の ことです。

① 右の 時こくに 学校に つきました。その 時こく を かきましょう。

答え _____

② 30分後に 1時間目が はじまりました。 その 時こくを かきましょう。

答え _____

③ 1時間目は 45分間です。1時間目が おわる 時こくを かきましょう。

答え _____

④ 1時間目の おわりから、10時までは、 何分間 ありますか。

答え _____

2 午後の ことです。

① 右の 時こくに 学校を 出ました。その 時こくを かきましょう。

答え _____

② 20分後に、家に つきました。 その 時こくを かきましょう。

答え _____

③ 家に つき、45分後に しゅくだいを おえました。その 時こくを かきましょう。

答え _____

④ しゅくだいが おわってから、6時までは、 何分間 ありますか。

答え _____

7 時こくと時間 ④

1 つぎの 時間を 分に なおしましょう。

① 1時間30分

答え _____

② 2時間

答え _____

③ 3時間20分

答え _____

2 つぎの 時間を 何時間何分に なおしましょう。

① 80分

答え _____

② 140分

答え _____

③ 210分

答え _____

3 小川さんは 110分間、山口さんは 95分間 歩きました。小川さんは 山口さんより 何分間 多く 歩きましたか。

しき _____

答え _____

4 田中さんは、本を きのう 1時間10分、きょうは 80分間 読みました。きょうの 方が、何分間 多く 読みましたか。

しき _____

答え _____

7 時こくと時間 ⑤ まとめ

1 □に あてはまる 数を かきましょう。（1つ10点）

① 1時間は □ 分です。

② 1日は 午前と 午後が □ 時間 ずつあり、1日は 24時間です。

2 つぎの 時間で ①、②は 何分に、③、④は 何時間何分に なおしましょう。（1つ10点）

① 1時間20分

答え

② 2時間10分

答え

③ 90分

答え

④ 150分

答え

3 山田さんは 85分間、川口さんは 110分間 歩きました。 川口さんは 山田さんより 何分間 多く 歩きましたか。（しき10点、答え10点）

しき

答え

4 竹中さんは、家から 15分間 歩いて、近くの えきに つきました。10分間 まってから、電車に のりました。電車が おおさかえきに つくまでに 45分間 かかりました。家から おおさかえきまで 何時間何分 かかりましたか。（しき10点、答え10点）

しき

答え

たし算のひっ算 ⑦

いろを
ぬろう
わからない　だいたいできた　できた！

1 赤い 色紙が 62まいと 青い 色紙が 73まい あります。色紙は あわせて 何まい ですか。

百のくらい	十のくらい	一のくらい
	6	2
+	7	3
1	3	5

一のくらいは
2+3=5
十のくらいは
6+7=13

```
  6 2
+ 7 3
─────
1 3 5
```

くり上がり1回です。

62+73=□

答え

2 つぎの 計算を しましょう。

①
```
  6 3
+ 5 4
─────
```

②
```
  8 4
+ 4 3
─────
```

③
```
  7 5
+ 8 1
─────
```

④
```
  6 2
+ 9 3
─────
```

⑤
```
  8 1
+ 6 6
─────
```

⑥
```
  7 2
+ 6 2
─────
```

43

たし算のひっ算 ⑧

学習日	なまえ
月　　日	

 いろを ぬろう

1 男子が 75人、女子が 57人 います。
あわせると 何人ですか。

百のくらい	十のくらい	一の くらい
	7	5
	5	7
+		
	3	2
1	3	2

一のくらいは
5＋7＝12
十のくらいは
7＋5＋1＝13

```
   7 5
 + 5 7
 ───────
 1 3 2
```

くり上がり2回です。

75＋57＝ ☐

答え

2 つぎの 計算を しましょう。

①
```
   2 4
 + 9 7
 ─────
```

②
```
   5 4
 + 7 9
 ─────
```

③
```
   7 5
 + 8 8
 ─────
```

④
```
   6 8
 + 7 4
 ─────
```

⑤
```
   3 4
 + 7 8
 ─────
```

⑥
```
   7 9
 + 4 4
 ─────
```

8 たし算のひっ算 ⑨

学習日	なまえ
月　日	

いろをぬろう　わからない　だいたいできた　できた！

1 ものがたりの　本が　74さつ、図かんが　28さつ　あります。本は　あわせて　何さつですか。

百のくらい	十のくらい	一のくらい
	7	4
	2	8
+		

1　0　2

一のくらいは
4+8=12
十のくらいは
7+2+1=10

くり上がって、くり上がります。

```
   7 4
 + 2 8
 1 0 2
```

74+28=☐

答え

2 つぎの　計算を　しましょう。

①
```
   2 5
 + 7 6
```

②
```
   4 5
 + 5 9
```

③
```
   6 3
 + 3 7
```

④
```
   3 4
 + 6 9
```

⑤
```
   7 5
 + 2 5
```

⑥
```
   1 9
 + 8 8
```

たし算のひっ算 ⑩

1 つぎの 計算を しましょう。

①
```
  5 3
+ 6 1
─────
```

②
```
  3 4
+ 9 4
─────
```

③
```
  4 2
+ 7 9
─────
```

④
```
  8 8
+ 3 6
─────
```

⑤
```
  8 7
+ 1 5
─────
```

⑥
```
  6 8
+ 3 4
─────
```

2 つぎの 計算を しましょう。

①
```
  6 3
+ 6 2
─────
```

②
```
  8 2
+ 2 6
─────
```

③
```
  5 7
+ 9 7
─────
```

④
```
  3 4
+ 8 9
─────
```

⑤
```
  5 4
+ 4 6
─────
```

⑥
```
  2 6
+ 7 8
─────
```

8 たし算のひっ算 ⑪

学習日　月　日

なまえ

いろを
ぬろう

わからない　だいたいできた　できた！

1 白い ビー玉が 43こ、青い ビー玉が 59こ あります。 ビー玉は あわせて 何こですか。

しき _____

答え _____

2 ボールペンを 90円で、けしゴムを 55円で 買いました。あわせて 何円ですか。

しき _____

答え _____

3 つぎの 計算を しましょう。

①
```
   3 5
 + 9 2
```

②
```
   6 6
 + 7 3
```

③
```
   5 7
 + 6 4
```

④
```
   4 6
 + 6 7
```

⑤
```
   6 9
 + 3 2
```

⑥
```
   4 7
 + 5 5
```

学習日　月　日
なまえ

ごうかく
80〜100
点　点

1 つぎの 計算を しましょう。　（1つ10点）

①
```
  2 4
+ 4 5
```

②
```
  6 5
+ 2 9
```

③
```
  8 5
+ 8 7
```

④
```
  6 8
+ 3 4
```

⑤
```
  6 7
+ 7 1
```

⑥
```
  2 7
+ 5 7
```

2 1組の はたけから トマトが 28こ、2組の はたけから トマトが 34こ とれました。トマトは ぜんぶで 何こですか。
（しき10点、答え10点）

しき _____

答え _____

3 きのう、しいたけを 64本 とりました。
きょうは 38本 とりました。
あわせて 何本ですか。　（しき10点、答え10点）

しき _____

答え _____

48

学習日		なまえ
月	日	

1 色紙が 128まい ありました。 34まい つかいました。のこりは 何まいですか。

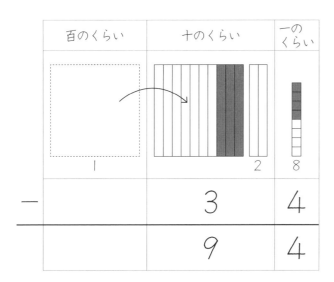

百のくらい	十のくらい	一のくらい
1	2	8
−	3	4
	9	4

一のくらいは 8−4＝4
十のくらいは 2−3は ひけません。
百のくらいから くり下がります。

```
   0
   1 2 8
 −   3 4
   ( 9 4 )
```

くり下がり 1回です。

128−34＝ ☐

答え _____

2 つぎの 計算を しましょう。

①
```
  1 1 7
−   5 4
```

②
```
  1 2 7
−   8 4
```

③
```
  1 4 6
−   8 1
```

④
```
  1 5 5
−   6 2
```

⑤
```
  1 4 7
−   6 6
```

⑥
```
  1 3 4
−   7 2
```

49

9 ひき算のひっ算 ⑧

学習日	なまえ
月　日	

いろを
ぬろう

わからない　だいたいできた　できた!

---

1 125この チョコレートのうち 87こが
売れました。のこりは 何こですか。

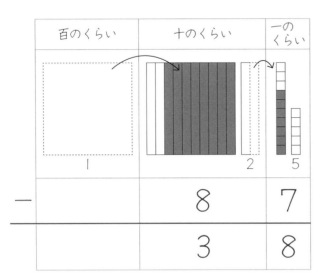

百のくらい	十のくらい	一のくらい
1		2	5
−		8	7
		3	8

一のくらいは 5−7は ひけないので、
十のくらいから くり下げます。十のくらいも
ひけないので、百のくらいから くり下げます。
くり下がりは2回です。

```
  0 1
  1 2 5
−   8 7
  3 8
```

125−87=□

答え _____

---

2 つぎの 計算を しましょう。

①
```
  1 2 1
−   2 4
```

②
```
  1 3 3
−   5 4
```

③
```
  1 6 3
−   7 5
```

④
```
  1 4 2
−   7 4
```

⑤
```
  1 1 2
−   3 4
```

⑥
```
  1 2 3
−   7 9
```

学習日　月　日

なまえ

いろを
ぬろう

わから　だいたい　できた！
ない　　できた

1 100この すいかのうち、昼までに 63こ 売れました。のこりは 何こですか。

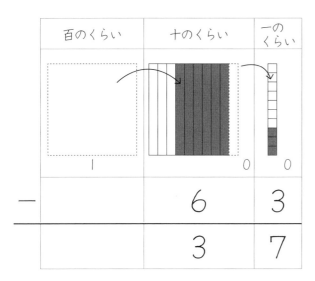

百のくらい	十のくらい	一の くらい
1		0	0
−	6	3
	3	7

　一のくらい、十のくらいが 0 なので、
百のくらいから くり下げます。

```
    9
  1 0 0
−   6 3
  3 7
```

$100-63=\boxed{}$

答え _____

2 つぎの 計算を しましょう。

①
```
  1 0 1
−   7 6
```

②
```
  1 0 4
−   4 5
```

③
```
  1 0 0
−   3 6
```

④
```
  1 0 3
−   6 9
```

⑤
```
  1 0 0
−   2 5
```

⑥
```
  1 0 7
−   1 9
```

ひき算のひっ算 ⑩

学習日	なまえ
月　日	

いろを
ぬろう

わからない　だいたいできた　できた！

1　つぎの 計算を しましょう。

①
```
  1 1 4
-   5 3
───────
```

②
```
  1 3 7
-   4 3
───────
```

③
```
  1 3 1
-   7 9
───────
```

④
```
  1 2 4
-   3 6
───────
```

⑤
```
  1 0 2
-   2 5
───────
```

⑥
```
  1 0 3
-   7 4
───────
```

2　つぎの 計算を しましょう。

①
```
  1 2 5
-   6 2
───────
```

②
```
  1 0 8
-   2 6
───────
```

③
```
  1 5 4
-   9 7
───────
```

④
```
  1 2 3
-   8 9
───────
```

⑤
```
  1 0 0
-   4 5
───────
```

⑥
```
  1 0 0
-   7 8
───────
```

学習日　月　日

なまえ

1 白い　画用紙が　120まい　あります。86まい　つかうと、のこりは　何まいですか。

しき ＿＿＿＿＿＿＿＿＿＿

答え ＿＿＿＿＿＿＿＿＿

2 2年生は　ぜんぶで　132人です。
男子は　76人です。　女子は　何人ですか。

しき ＿＿＿＿＿＿＿＿＿＿

答え ＿＿＿＿＿＿＿＿＿

3 つぎの　計算を　しましょう。

①
```
  1 3 7
-   9 5
```

②
```
  1 4 6
-   7 2
```

③
```
  1 1 3
-   4 6
```

④
```
  1 5 3
-   6 7
```

⑤
```
  1 0 6
-   3 8
```

⑥
```
  1 0 0
-   5 4
```

53

学習日　月　日

なまえ

ごうかく
80〜100点

点

1 つぎの　計算を　しましょう。　　（1つ10点）

①
```
   9 4
 - 2 8
-------
```

②
```
   7 4
 - 2 7
-------
```

③
```
   1 5 1
 -   7 6
---------
```

④
```
   1 0 2
 -   1 6
---------
```

⑤
```
   1 3 3
 -   8 7
---------
```

⑥
```
   1 6 2
 -   9 7
---------
```

2 どんぐりが　102こ　あります。35こで　どんぐりごまを　つくりました。のこりの　どんぐりは　何こですか。　　（しき10点、答え10点）

しき _____

答え _____

3 えんぴつが　144本　あります。
85人の　子どもに　1本ずつ　くばりました。
のこりは　何本ですか。　　（しき10点、答え10点）

しき _____

答え _____

10 三角形・四角形 ①

学習日　月　日

なまえ

いろを
ぬろう

わから
ない　だいたい
できた　できた！

ア ───────── イ ～～～～

アのように　まっすぐな線の　ことを　直線と
いいます。イのように　まがった線は　直線とは
いいません。

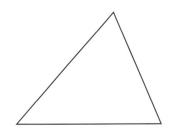

3本の　直線で　かこ
まれた　形を　三角形と
いいます。

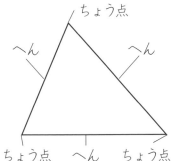

三角形の　まわりの　直
線を　へんと　いいます。
　かどの　点を　ちょう点
と　いいます。

ですから、下の図は　三角形とは　いえません。

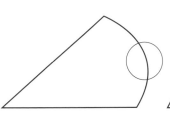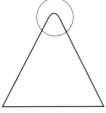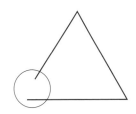

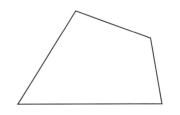

4本の　直線で　かこ
まれた　形を　四角形と
いいます。

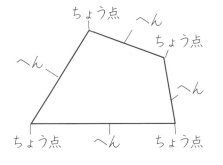

四角形の　まわりの　直
線を　へんと　いいます。
　かどの　点を　ちょう
点と　いいます。

1　□に　あてはまる　数を　かきましょう。

① 三角形の　ちょう点の　数は □ こです。

② 三角形の　へんの　数は □ 本です。

③ 四角形の　ちょう点の　数は □ こです。

④ 四角形の　へんの　数は □ 本です。

10 三角形・四角形 ②

学習日	
月	日

なまえ

いろを
ぬろう
わからない　だいたいできた　できた！

1 つぎの なかから 三角形（さんかくけい）、四角形（しかくけい）を
えらびましょう。

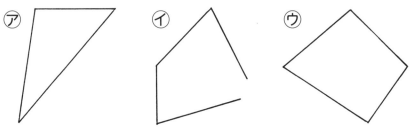

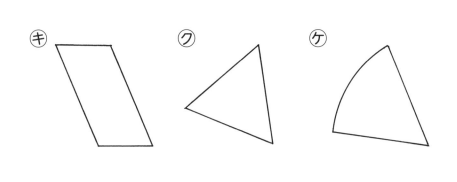

三角形 ＿＿＿＿＿＿　　四角形 ＿＿＿＿＿＿

2 2つの へんを かきたして、三角形を
かきましょう。

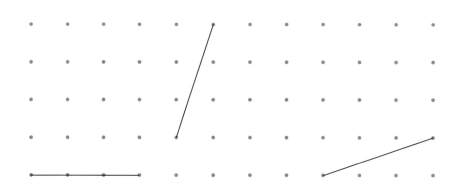

3 3つの へんを かきたして 四角形を
かきましょう。

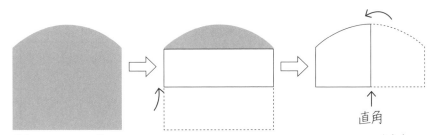

紙を 2回 おって できた かどの 形を
直角と いいます。三角じょうぎも 直角が
あります。

直角の ある 三角形を **直角三角形**と いい
ます。

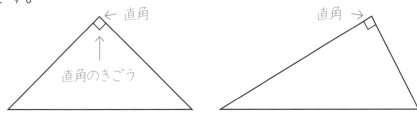

1 直角三角形は どれですか。三角じょうぎ
で 見つけ、きごうを かきましょう。

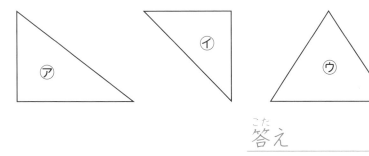

答え _____

2 ほうがん紙の たての 線と よこの 線は
直角に まじわって います。ほうがん紙を
つかって、直角三角形を 2つ かきましょう。

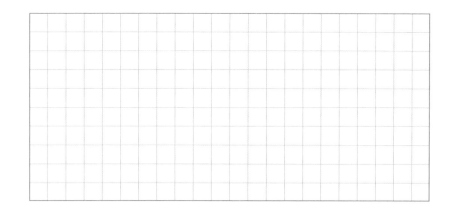

3 つぎの 四角形に 直角が いくつ あるか
しらべましょう。

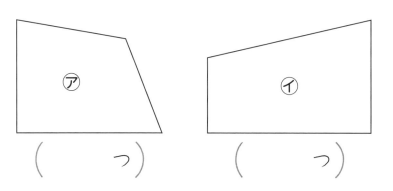

（　　つ）　　（　　つ）

57

学習日　月　日

4つの かどが みんな 直角(ちょっかく)に なっている 四角形を 長方形(ちょうほうけい) と いいます。

直角

長方形の むかいあって いる へんの 長さは、同(おな)じです。

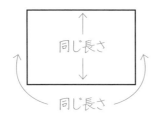

同じ長さ　同じ長さ

1 長方形は どれですか。

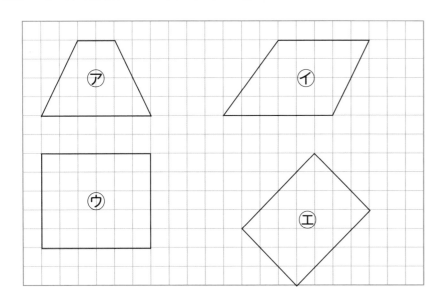

ア　イ　ウ　エ

答(こた)え _____

2 図(ず)は 長方形です。

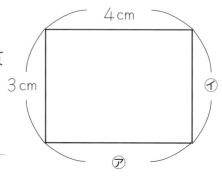

4cm　3cm　イ　ア

① へんアの 長さは 何(なん)cmですか。

答え _____

② へんイの 長さは 何cmですか。

答え _____

3 ほうがん紙(し)を つかって 長方形を 2つ かきましょう。

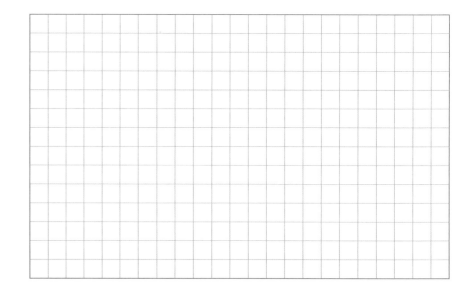

学習日	なまえ
月　日	

いろを
ぬろう
わからない　だいたいできた　できた！

　4つの かどが みんな
直角で、4つの へんの 長
さが みんな 同じ 四角形
を **正方形**と いいます。
　**すべての へんの 長さが
同じ** ことが 長方形との
ちがいです。

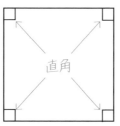
直角

←同じ長さ→

1 正方形は どれですか。

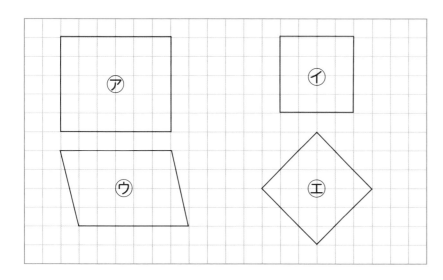

答え _____

2 図は 正方形です。

① へん⑦の 長さは
何cmですか。

答え _____

② へん⑦の 長さは 何cmですか。

答え _____

3cm
⑦
⑦

3 ほうがん紙を つかって 正方形を
2つ かきましょう。

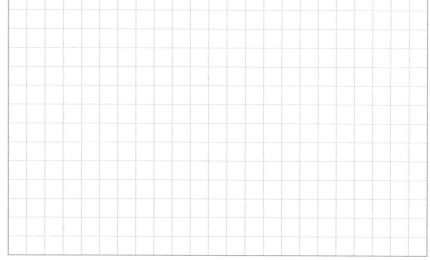

59

1 つぎの （　）に あてはまる ことばを かきましょう。

（1つ10点）

3本の 直線で かこまれた 形を

（①　　　　　）と いいます。3本の 直線を

（②　　　　　）と いい、かどの 点を

（③　　　　　）と いいます。

4本の 直線で かこまれた 形を

（④　　　　　）と いいます。

4つの かどが みんな 直角の 四角形

を （⑤　　　　　）と いい、むかいあった

へんの 長さは （⑥　　　　　）です。

4つの かどが 直角で、4つの へんの

長さが 同じ 四角形を（⑦　　　　　）と

いいます。

2 ほうがん紙を つかって、かきましょう。

（1つ10点）

① 3cmの へんと 4cmの へんが 直角に まじわる 直角三角形。

② 2つの へんの 長さが 4cmと 5cmの 長方形。

③ 1つの へんの 長さが 4cmの 正方形。

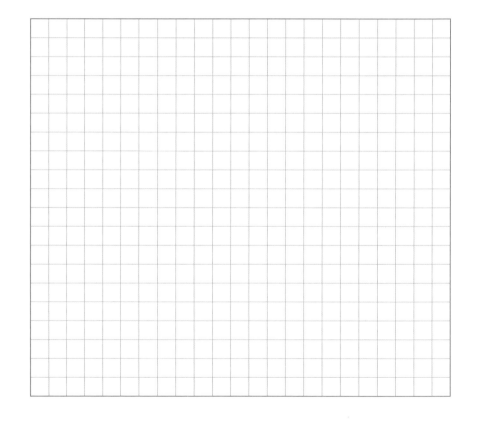

あんパンが　1つの　ふくろに　2こずつ
入っています。これが　3ふくろ　あります。
あんパンの　数は、1ふくろに
2こずつ　が　**3ふくろ分**　で　**6こ**　です。
このことを　しきで　あらわすと

$$2 \times 3 = 6$$

（1つ分の数）（いくつ分）（ぜんぶの数）

と　かきます。この計算を　**かけ算**と　いいます。
　2×3の　答えの　6は　2+2+2で　もとめられます。
　かけ算は、同じ　数の　まとまりに　目を　つけて
それが　いくつ分　あるかで、ぜんぶの　数を
もとめます。

1　□に　あてはまる　数を　かきましょう。

①

バナナの　数は

しき　□ × □ = □

（1つ分の数）（いくつ分）（ぜんぶの数）

②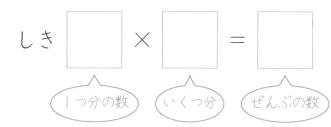

みかんの　数は

しき　□ × □ = □

③

なすの　数は

しき　□ × □ = □

11 かけ算 ②

学習日	なまえ	いろを ぬろう
月　日		わからない　だいたいできた　できた！

1 □に あてはまる 数を かきましょう。

①

りんごの 数は

しき □ × □ = □

②

なしの 数は

しき □ × □ = □

③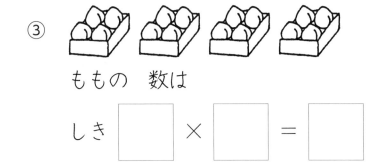

ももの 数は

しき □ × □ = □

2 □に あてはまる 数を かきましょう。

①

みかんの 数は

しき □ × □ = □

②

バナナの 数は

しき □ × □ = □

③

たこやきの 数は

しき □ × □ = □

11 かけ算 ③　2のだん

学習日	なまえ
月　日	

いろを
ぬろう

わから
ない　だいたい
できた　できた！

1　かけ算の　ひょう（2のだん）を　なぞりましょう。また、となえましょう。

サクランボの 数									1あたり の 数		いくつ 分		ぜんぶの 数	となえ方
1	2	3	4	5	6	7	8	9						
🍒									2	×	1	=	2	に いち が に
🍒	🍒								2	×	2	=	4	に にん が し
🍒	🍒	🍒							2	×	3	=	6	に さん が ろく
🍒	🍒	🍒	🍒						2	×	4	=	8	に し が はち
🍒	🍒	🍒	🍒	🍒					2	×	5	=	10	に ご じゅう
🍒	🍒	🍒	🍒	🍒	🍒				2	×	6	=	12	に ろく じゅうに
🍒	🍒	🍒	🍒	🍒	🍒	🍒			2	×	7	=	14	に しち じゅうし
🍒	🍒	🍒	🍒	🍒	🍒	🍒	🍒		2	×	8	=	16	に はち じゅうろく
🍒	🍒	🍒	🍒	🍒	🍒	🍒	🍒	🍒	2	×	9	=	18	に く じゅうはち

11 かけ算 ④ 2のだん

いろを
ぬろう　わからない　だいたいできた　できた！

---

1 ケーキが おさらに 2こずつ のっています。
4さら分では、ケーキは 何こですか。

しき □ × □ = □

答え _____

2 つるの 足は 2本です。つるは 6わ います。足は ぜんぶで 何本ですか。

しき □ × □ = □

答え _____

3 つぎの 計算を しましょう。

① 2×2 = □ 　② 2×5 = □

③ 2×4 = □ 　④ 2×8 = □

⑤ 2×6 = □ 　⑥ 2×3 = □

⑦ 2×1 = □ 　⑧ 2×9 = □

⑨ 2×7 = □

 **かけ算 ⑤　5のだん**

学習日	なまえ
月　日	

いろを
ぬろう
わからない　だいたいできた　できた！

1 かけ算の　ひょう（5のだん）を　なぞりましょう。また、となえましょう。

みかんの数									1あたりの数		いくつ分		ぜんぶの数	となえ方
1	2	3	4	5	6	7	8	9						
									5	×	1	=	5	ご いち が ご
									5	×	2	=	10	ご に じゅう
									5	×	3	=	15	ご さん じゅうご
									5	×	4	=	20	ご し にじゅう
									5	×	5	=	25	ご ご にじゅうご
									5	×	6	=	30	ごろく さんじゅう
									5	×	7	=	35	ご しち さんじゅうご
									5	×	8	=	40	ご は しじゅう
									5	×	9	=	45	ごっく しじゅうご

1　バナナが　5本ずつ　ついた　ものが　6ふさ
あります。バナナは　ぜんぶで　何本ですか。

しき　□　×　□　＝　□

答え _____

2　なすは　1かごに　5こずつ　入っています。
4かご分の　なすは　何こですか。

しき　□　×　□　＝　□

答え _____

3　つぎの　計算を　しましょう。

①　5×2＝　□　②　5×5＝　□

③　5×4＝　□　④　5×8＝　□

⑤　5×6＝　□　⑥　5×3＝　□

⑦　5×1＝　□　⑧　5×9＝　□

⑨　5×7＝　□

11 かけ算 ⑦　3のだん

学習日	なまえ
月　日	

1 かけ算の　ひょう（3のだん）を　なぞりましょう。また、となえましょう。

きゅうりの 数									1あたりの 数		いくつ分		ぜんぶの数	となえ方
1	2	3	4	5	6	7	8	9						
🥒									3	×	1	=	3	さん いち が さん
🥒	🥒								3	×	2	=	6	さん に が ろく
🥒	🥒	🥒							3	×	3	=	9	さ ざん が く
🥒	🥒	🥒	🥒						3	×	4	=	12	さん し じゅうに
🥒	🥒	🥒	🥒	🥒					3	×	5	=	15	さん ご じゅうご
🥒	🥒	🥒	🥒	🥒	🥒				3	×	6	=	18	さぶ ろく じゅうはち
🥒	🥒	🥒	🥒	🥒	🥒	🥒			3	×	7	=	21	さん しち にじゅういち
🥒	🥒	🥒	🥒	🥒	🥒	🥒	🥒		3	×	8	=	24	さん ぱ にじゅうし
🥒	🥒	🥒	🥒	🥒	🥒	🥒	🥒	🥒	3	×	9	=	27	さん く にじゅうしち

学習日　月　日　なまえ

いろを
ぬろう

わから
ない　　だいたい　できた！
　　　　できた

1　三りん車が　5台　あります。車りんは
ぜんぶで　何こですか。

しき　□　×　□　＝　□

答え _____

2　1本の　くしに　3この　だんごが　さして
あります。8本では　だんごは　何こですか。

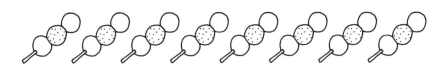

しき　□　×　□　＝　□

答え _____

3　つぎの　計算を　しましょう。

① 3×2＝ □　　② 3×5＝ □

③ 3×4＝ □　　④ 3×8＝ □

⑤ 3×6＝ □　　⑥ 3×3＝ □

⑦ 3×1＝ □　　⑧ 3×9＝ □

⑨ 3×7＝ □

1 かけ算の　ひょう（4のだん）を　なぞりましょう。また、となえましょう。

だんごの 数									1あたり の 数		いくつ分		ぜんぶの 数	となえ方
1	2	3	4	5	6	7	8	9	4	×	1	=	4	し いち が し
									4	×	2	=	8	し に が はち
									4	×	3	=	12	し さん じゅうに
									4	×	4	=	16	し し じゅうろく
									4	×	5	=	20	し ご にじゅう
									4	×	6	=	24	し ろく にじゅうし
									4	×	7	=	28	し しち にじゅうはち
									4	×	8	=	32	し は さんじゅうに
									4	×	9	=	36	し く さんじゅうろく

学習日　月　日

なまえ

いろをぬろう　わからない　だいたいできた　できた!

1　1ぴきの　とんぼに　はねが　4まい　あります。6ぴきの　とんぼの　はねは　ぜんぶで　何まいですか。

しき □ × □ = □

答え _____

2　1はこに　ゼリーが　4こ　入っています。4はこでは、ゼリーは　ぜんぶで　何こですか。

しき □ × □ = □

答え _____

3　つぎの　計算を　しましょう。

① $4 \times 2 =$ □　　② $4 \times 5 =$ □

③ $4 \times 4 =$ □　　④ $4 \times 8 =$ □

⑤ $4 \times 6 =$ □　　⑥ $4 \times 3 =$ □

⑦ $4 \times 1 =$ □　　⑧ $4 \times 9 =$ □

⑨ $4 \times 7 =$ □

70

かけ算 ⑪　6のだん

いろをぬろう　わからない　だいたいできた　できた！

1　かけ算の　ひょう（6のだん）を　なぞりましょう。また、となえましょう。

チーズの 数									1あたりの数	いくつ分		ぜんぶの数	となえ方
1	2	3	4	5	6	7	8	9					
									6	× 1	=	6	ろく いち が ろく
									6	× 2	=	12	ろく に じゅうに
									6	× 3	=	18	ろく さん じゅうはち
									6	× 4	=	24	ろく し にじゅうし
									6	× 5	=	30	ろく ご さんじゅう
									6	× 6	=	36	ろく ろく さんじゅうろく
									6	× 7	=	42	ろく しち しじゅうに
									6	× 8	=	48	ろく は しじゅうはち
									6	× 9	=	54	ろっ く ごじゅうし

なまえ

いろを
ぬろう

わから
ない　だいたい
できた　できた!

1　せみには　足が　6本　あります。せみ
6ぴき分の　足は　ぜんぶで　何本ですか。

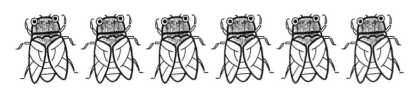

しき　□ × □ = □

答え ＿＿＿＿＿＿

2　1ケースに　ジュースが　6本　入っています。
3ケース分の　ジュースは　ぜんぶで　何本
ですか。

しき　□ × □ = □

答え ＿＿＿＿＿＿

3　つぎの　計算を　しましょう。

① 6×2 = □　　② 6×5 = □

③ 6×4 = □　　④ 6×8 = □

⑤ 6×6 = □　　⑥ 6×3 = □

⑦ 6×1 = □　　⑧ 6×9 = □

⑨ 6×7 = □

学習日	なまえ
月　日	

1　かけ算の　ひょう（7のだん）を　なぞりましょう。また、となえましょう。

星の数										1あたりの数		いくつ分		ぜんぶの数	となえ方
1	2	3	4	5	6	7	8	9							
●										7	×	1	=	7	しち いち が しち
●	●									7	×	2	=	14	しち に じゅうし
●	●	●								7	×	3	=	21	しち さん にじゅういち
●	●	●	●							7	×	4	=	28	しち し にじゅうはち
●	●	●	●	●						7	×	5	=	35	しち ご さんじゅうご
●	●	●	●	●	●					7	×	6	=	42	しち ろく しじゅうに
●	●	●	●	●	●	●				7	×	7	=	49	しち しち しじゅうく
●	●	●	●	●	●	●	●			7	×	8	=	56	しち は ごじゅうろく
●	●	●	●	●	●	●	●	●		7	×	9	=	63	しち く ろくじゅうさん

73

学習日　月　日

なまえ

わからない　だいたいできた　できた！

1 1人に 7こずつ たこやきを くばります。
　　5人に くばるには、たこやきは 何こ
いりますか。

しき □ × □ = □

答え _____

2 1週間は 7日です。
　　4週間は 何日ですか。

20xx年 **5** MAY

日	月	火	水	木	金	土
						1
2	3	4	5	6	7	8
9	10	11	12	13	14	15
16	17	18	19	20	21	22
23/30	24/31	25	26	27	28	29

しき □ × □ = □

答え _____

3 つぎの 計算を しましょう。

① 7×2 = □　② 7×5 = □

③ 7×4 = □　④ 7×8 = □

⑤ 7×6 = □　⑥ 7×3 = □

⑦ 7×1 = □　⑧ 7×9 = □

⑨ 7×7 = □

学習日	なまえ
月　日	

1 かけ算の　ひょう（8のだん）を　なぞりましょう。また、となえましょう。

足の数									1あたりの数	いくつ分		ぜんぶの数	となえ方
1	2	3	4	5	6	7	8	9					
🐙									8	× 1	=	8	はち　いち　が　はち
🐙	🐙								8	× 2	=	16	はち　に　じゅうろく
🐙	🐙	🐙							8	× 3	=	24	はち　さん　にじゅうし
🐙	🐙	🐙	🐙						8	× 4	=	32	はっ　し　さんじゅうに
🐙	🐙	🐙	🐙	🐙					8	× 5	=	40	はち　ご　しじゅう
🐙	🐙	🐙	🐙	🐙	🐙				8	× 6	=	48	はち　ろく　しじゅうはち
🐙	🐙	🐙	🐙	🐙	🐙	🐙			8	× 7	=	56	はち　しち　ごじゅうろく
🐙	🐙	🐙	🐙	🐙	🐙	🐙	🐙		8	× 8	=	64	はっ　ぱ　ろくじゅうし
🐙	🐙	🐙	🐙	🐙	🐙	🐙	🐙	🐙	8	× 9	=	72	はっ　く　しちじゅうに

1 1つの ネットに たまごを 8こずつ 入れます。ネット 5つ分の たまごは 何こですか。

しき □ × □ = □

答え ＿＿＿＿＿＿＿＿

2 たこやきを 1人が 8こずつ 食べます。8人分では たこやきは 何こに なりますか。

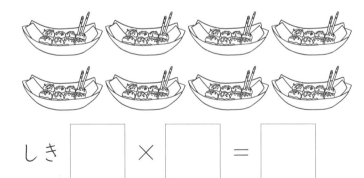

しき □ × □ = □

答え ＿＿＿＿＿＿＿＿

3 つぎの 計算を しましょう。

① 8×2= □ 　② 8×5= □

③ 8×4= □ 　④ 8×8= □

⑤ 8×6= □ 　⑥ 8×3= □

⑦ 8×1= □ 　⑧ 8×9= □

⑨ 8×7= □

かけ算 ⑰　9のだん

いろを
ぬろう
わからない　だいたいできた　できた！

1 かけ算の　ひょう（9のだん）を　なぞりましょう。また、となえましょう。

ぶどうの 数									1あたりの数		いくつ分		ぜんぶの数	となえ方
1	2	3	4	5	6	7	8	9						
🍇									9	×	1	=	9	く いち が く
🍇	🍇								9	×	2	=	18	く に じゅうはち
🍇	🍇	🍇							9	×	3	=	27	く さん にじゅうしち
🍇	🍇	🍇	🍇						9	×	4	=	36	く し さんじゅうろく
🍇	🍇	🍇	🍇	🍇					9	×	5	=	45	く ご しじゅうご
🍇	🍇	🍇	🍇	🍇	🍇				9	×	6	=	54	く ろく ごじゅうし
🍇	🍇	🍇	🍇	🍇	🍇	🍇			9	×	7	=	63	く しち ろくじゅうさん
🍇	🍇	🍇	🍇	🍇	🍇	🍇	🍇		9	×	8	=	72	く は しちじゅうに
🍇	🍇	🍇	🍇	🍇	🍇	🍇	🍇	🍇	9	×	9	=	81	く く はちじゅういち

⑪ かけ算 ⑱　9のだん

学習日　月　日

なまえ

いろを
ぬろう
わからない　だいたいできた　できた！

1　1はこに　9こずつ　チョコレートが
入っています。3はこ分の　チョコレートは
何こですか。

しき　☐　×　☐　＝　☐

答え _____

2　やきゅうは　1チーム　9人で　します。
4チーム　作るには　何人の　せん手が
いりますか。

しき　☐　×　☐　＝　☐

答え _____

3　つぎの　計算を　しましょう。

① 9×2＝ ☐　　② 9×5＝ ☐

③ 9×4＝ ☐　　④ 9×8＝ ☐

⑤ 9×6＝ ☐　　⑥ 9×3＝ ☐

⑦ 9×1＝ ☐　　⑧ 9×9＝ ☐

⑨ 9×7＝ ☐

78

11 かけ算 ⑲　1のだん

いろを
ぬろう　わからない　だいたいできた　できた！

1　かけ算の　ひょう（1のだん）を　なぞりましょう。また、となえましょう。

車りんの　数									1あたりの　数		いくつ分		ぜんぶの数	となえ方
1	2	3	4	5	6	7	8	9						
									1	×	1	=	1	いん　いち　が　いち
									1	×	2	=	2	いん　に　が　に
									1	×	3	=	3	いん　さん　が　さん
									1	×	4	=	4	いん　し　が　し
									1	×	5	=	5	いん　ご　が　ご
									1	×	6	=	6	いん　ろく　が　ろく
									1	×	7	=	7	いん　しち　が　しち
									1	×	8	=	8	いん　はち　が　はち
									1	×	9	=	9	いん　く　が　く

学習日　月　日

なまえ

いろをぬろう　わからない　だいたいできた　できた！

1　かかしの　足は　1本です。4つ分の　かかしの　足の　数は　何本ですか。

しき　□ × □ = □

答え _____

2　1人が　1さつの　本を　読みます。
　6人が　読むと、本は　何さつ　いりますか。

しき　□ × □ = □

答え _____

3　つぎの　計算を　しましょう。

① 1×2 = □　② 1×5 = □

③ 1×4 = □　④ 1×8 = □

⑤ 1×6 = □　⑥ 1×3 = □

⑦ 1×1 = □　⑧ 1×9 = □

⑨ 1×7 = □

80

11 かけ算 ㉑

学習日　月　日
なまえ

いろを
ぬろう　わからない　だいたいできた　できた！

1　つぎの　計算を　しましょう。

① 4×5＝　　　② 9×5＝

③ 6×2＝　　　④ 3×3＝

⑤ 5×7＝　　　⑥ 5×6＝

⑦ 2×4＝　　　⑧ 2×8＝

⑨ 6×6＝　　　⑩ 9×9＝

⑪ 7×1＝　　　⑫ 8×8＝

2　つぎの　計算を　しましょう。

① 5×3＝　　　② 2×3＝

③ 3×8＝　　　④ 8×5＝

⑤ 2×9＝　　　⑥ 7×5＝

⑦ 4×4＝　　　⑧ 5×4＝

⑨ 2×5＝　　　⑩ 4×8＝

⑪ 1×9＝　　　⑫ 7×8＝

81

11 かけ算 ㉒

学習日　月　日　なまえ

いろをぬろう　わからない　だいたいできた　できた！

1 つぎの　計算(けいさん)を　しましょう。

① $6\times4=$ □　② $2\times7=$ □

③ $8\times6=$ □　④ $3\times7=$ □

⑤ $6\times9=$ □　⑥ $4\times7=$ □

⑦ $9\times3=$ □　⑧ $8\times4=$ □

⑨ $7\times9=$ □　⑩ $6\times3=$ □

⑪ $5\times8=$ □　⑫ $4\times3=$ □

2 つぎの　計算を　しましょう。

① $5\times5=$ □　② $8\times3=$ □

③ $4\times6=$ □　④ $3\times4=$ □

⑤ $8\times9=$ □　⑥ $2\times2=$ □

⑦ $7\times4=$ □　⑧ $8\times2=$ □

⑨ $9\times6=$ □　⑩ $3\times5=$ □

⑪ $5\times1=$ □　⑫ $6\times7=$ □

1 つぎの 計算を しましょう。

① $7 \times 3 =$
② $9 \times 4 =$
③ $6 \times 8 =$
④ $7 \times 7 =$
⑤ $3 \times 9 =$
⑥ $8 \times 7 =$
⑦ $3 \times 2 =$
⑧ $6 \times 7 =$
⑨ $9 \times 7 =$
⑩ $5 \times 2 =$
⑪ $5 \times 7 =$
⑫ $2 \times 1 =$

2 つぎの 計算を しましょう。

① $9 \times 8 =$
② $3 \times 6 =$
③ $4 \times 9 =$
④ $7 \times 6 =$
⑤ $9 \times 2 =$
⑥ $8 \times 8 =$
⑦ $7 \times 8 =$
⑧ $2 \times 6 =$
⑨ $4 \times 3 =$
⑩ $6 \times 5 =$
⑪ $8 \times 5 =$
⑫ $6 \times 3 =$

11 かけ算 ㉔

学習日　月　日　なまえ

いろを ぬろう　わからない　だいたいできた　できた！

1 つぎの 計算(けいさん)を しましょう。

① 7×2＝□　② 5×8＝□

③ 8×1＝□　④ 9×4＝□

⑤ 2×7＝□　⑥ 5×5＝□

⑦ 4×7＝□　⑧ 6×9＝□

⑨ 8×4＝□　⑩ 3×5＝□

⑪ 1×6＝□　⑫ 6×4＝□

2 つぎの 計算を しましょう。

① 4×2＝□　② 5×6＝□

③ 8×3＝□　④ 7×9＝□

⑤ 6×8＝□　⑥ 3×7＝□

⑦ 4×6＝□　⑧ 7×5＝□

⑨ 8×9＝□　⑩ 7×7＝□

⑪ 5×4＝□　⑫ 4×4＝□

1 つぎの 計算を しましょう。　(1つ5点)

① $9 \times 3 =$ ☐　② $7 \times 5 =$ ☐

③ $9 \times 7 =$ ☐　④ $6 \times 4 =$ ☐

⑤ $7 \times 7 =$ ☐　⑥ $8 \times 4 =$ ☐

⑦ $6 \times 7 =$ ☐　⑧ $9 \times 5 =$ ☐

⑨ $6 \times 9 =$ ☐　⑩ $8 \times 8 =$ ☐

⑪ $4 \times 5 =$ ☐　⑫ $6 \times 6 =$ ☐

2 3人がけの いすが 6きゃく あります。
ぜんぶで 何人が こしかけられますか。
(しき10点、答え10点)

しき ☐ × ☐ = ☐

答え _____

3 せみの 足は 6本です。
せみ 7ひき分の 足は 何本ですか。
(しき10点、答え10点)

しき ☐ × ☐ = ☐

答え _____

学習日	なまえ
月　日	

1の タイルが 10こ あつまって 10に
なります。

10の タイルが 10こ あつまって 100に
なります。

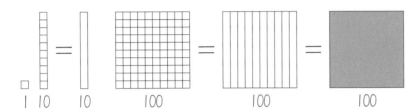

100の タイルが 10こ あつまって 1000に
なりました。

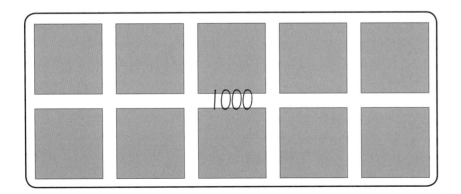

1 つぎの 数は いくつですか。

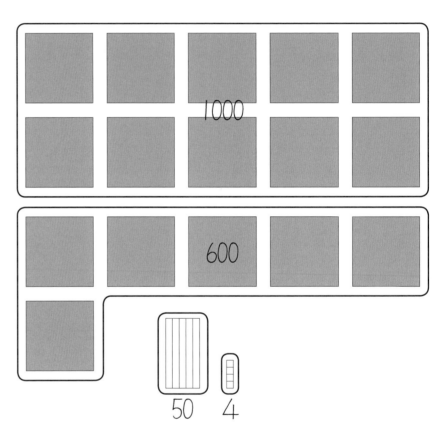

答え 1654

学習日　月　日

なまえ

いろを
ぬろう
わから　だいたい　できた！
ない　できた

1 □に あてはまる 数を かきましょう。

① 2654は、1000を [　] こと、100を [　]

こと、10を [　] こと、1を [　] こ

あわせた 数です。

② 4702は、1000を [　] こと、100を [　]

こと、1を [　] こ あわせた 数です。

③ 5039は、1000を [　] こと、10を [　]

こと、1を [　] こ あわせた 数です。

④ 8060は、1000を [　] こと、10を [　]

こ あわせた 数です。

2 つぎの 数を かきましょう。

① 1000を 3こと、100を 4こと、10を
6こと、1を 5こ あわせた 数

[　]

② 1000を 8こと、100を 7こと、1を
3こ あわせた 数

[　]

③ 1000を 6こと、10を 9こと、1を
4こ あわせた 数

[　]

④ 1000を 2こと、100を 4こ あわせた
数

[　]

⑤ 1000を 5こと、10を 7こ あわせた
数

[　]

87

学習日　　月　　日

なまえ

100を 10こ あつめた 数が 1000でした。
100を 11こ あつめると どうなりますか。

そうです。1100に なります。

1 つぎの 数を かきましょう。

① 100を 15こ あつめた 数

② 100を 20こ あつめた 数

2 □に あてはまる 数を かきましょう。

① 3500は、100を □こ あつめた 数です。

② 2500は、100を □こ あつめた 数です。

③ 7200は、□を 72こ あつめた 数です。

④ 6800は、□を 68こ あつめた 数です。

⑤ 6800は、□を 680こ あつめた 数です。

⑥ 4500は、□を 450こ あつめた 数です。

二千六百五十四を
数字に　なおしてみ
ると　右の　ように
なります。

千の くらい	百の くらい	十の くらい	一の くらい
二千	六百	五十	四
2	6	5	4

2654の　数字の
読み方は、くらいど
りに　ちゅういして
読みます。

千の くらい	百の くらい	十の くらい	一の くらい
2	6	5	4
二千	六百	五十	四

1 つぎの　数を　数字で　かきましょう。

千	百	十	一

① 五千三百八十六

② 七千四百二

③ 二千九百

④ 六千三十二

⑤ 九千一

2 つぎの　数の　読み方を　かきましょう。

①
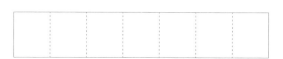

千	百	十	一
7	6	9	2

②

千	百	十	一
7	6	9	0

③

千	百	十	一
7	6	0	2

④

千	百	十	一
7	0	9	2

⑤

千	百	十	一
7	6	0	0

1000が　10こ　あつまると　一方(まん)に　なります。

1 ☐に　あてはまる　数(かず)を　かきましょう。

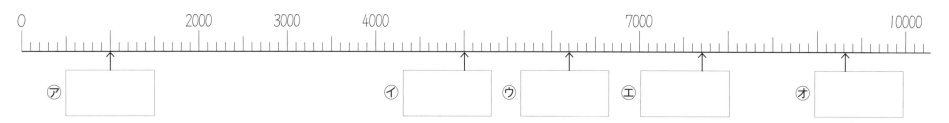

2 ㋐2300、㋑4100、㋒5500、㋓7800、㋔9900を　下の　数直線(すうちょくせん)に　かきましょう。

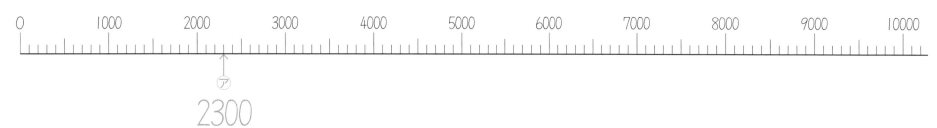

2300

1000より大きい数 ⑥ まとめ

1 つぎの 数を かきましょう。 （1つ5点）

① 6599より 1 大きい数。

答え _____

② 9990より 10 大きい数。

答え _____

③ 8000より 1 小さい数。

答え _____

④ 10000より 10 小さい数。

答え _____

2 大小を あらわす きごう ＜、＞を かきましょう。 （1つ5点）

① 4789 ☐ 4802　② 6452 ☐ 6425

③ 8808 ☐ 8880　④ 7103 ☐ 7089

3 ☐に あてはまる 数を かきましょう。 （1つ5点）

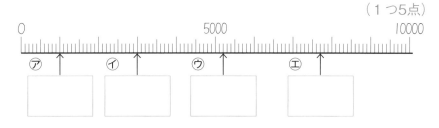

4 ☐に あてはまる 数を かきましょう。 （☐が1つ5点）

① 3998 ― 3999 ― ☐ ― ☐

② 5960 ― ☐ ― 5980 ― ☐

5 ☐に あてはまる 数を ぜんぶ かきましょう。 （☐が1つ2点）

① 5520は、5☐60より 大きい数。

② 9457は、9☐34より 小さい数。

学習日　月　日

なまえ

いろを
ぬろう
わからない　だいたいできた　できた！

　教室の　入リロの　高さや、こくばんの　よこの　長さをはかるには　1メートル（1m）の　ものさしを　つかいます。

$$1m＝100cm$$

1 つくえの　長さは　図の　大きさでした。たて、よこの　長さを　かきましょう。

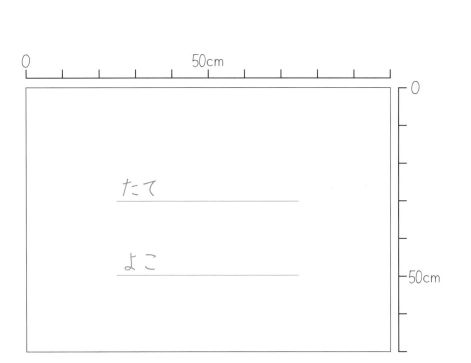

たて

よこ

2 何m何cmですか。

①

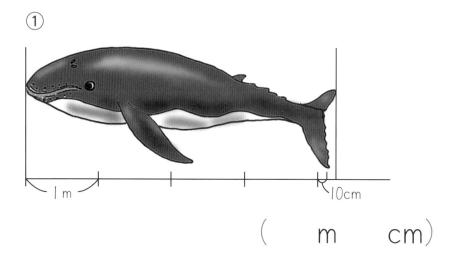

1m　　　10cm

（　　　m　　　cm）

②

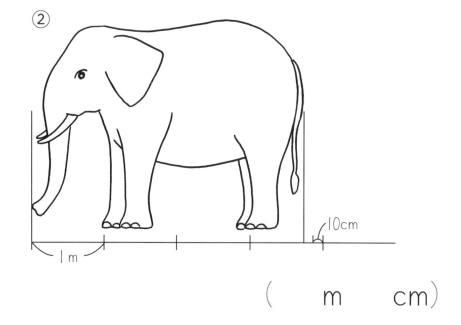

1m　　　10cm

（　　　m　　　cm）

13 長さ ⑧

学習日　月　日

なまえ

いろを ぬろう　わからない　だいたいできた　できた！

1 □に あてはまる 数を かきましょう。

① 3m= □ cm

② 6m= □ cm

③ 200cm= □ m

④ 400cm= □ m

⑤ 2m58cm= □ cm

⑥ 5m6cm= □ cm

⑦ 347cm= □ m □ cm

⑧ 603cm= □ m □ cm

2 いろいろな ものの 長さを はかりました。□に あてはまる 数を かきましょう。

① せの 高さ

144cm= □ m □ cm

② 自どう車の 長さ

4m45cm= □ cm

3 □に あてはまる たんいを かきましょう。

① 　1円の はば 20 □

② 本の 高さ 21 □

③ ビルの 高さ 21 □

93

1 1m30cmの ぼうに、1mの ぼうを つなぎました。長さは 何m何cmですか。

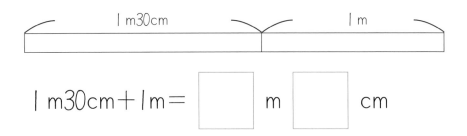

1m30cm＋1m＝ ▢ m ▢ cm

2 つぎの 計算を しましょう。

① 1m20cm＋2m＝ ▢ m ▢ cm

② 2m10cm＋30cm＝ ▢ m ▢ cm

③ 1m20cm＋1m20cm

＝ ▢ m ▢ cm

④ 2m30cm＋3m20cm

＝ ▢ m ▢ cm

3 1m30cmの ぼうと、1mの ぼうが あります。長さの ちがいは 何cmですか。

1m30cm－1m＝ ▢ cm

4 つぎの 計算を しましょう。

① 2m40cm－1m＝ ▢ m ▢ cm

② 1m60cm－20cm＝ ▢ m ▢ cm

③ 3m50cm－1m20cm

＝ ▢ m ▢ cm

④ 4m60cm－2m50cm

＝ ▢ m ▢ cm

 長さ ⑩ まとめ

1 □に あてはまる 数を かきましょう。

（□1つ5点）

① 1cm = □ mm

② 1m = □ cm

③ 5cmと 4mmを あわせた 長さは
□ cm □ mmで、□ mmです。

④ 2mと 80cmを あわせた 長さは
□ m □ cmで、□ cmです。

⑤ 4mと 3mを あわせた 長さは
□ mで、□ cmです。

2 つぎの 計算を しましょう。

（□1つ5点）

① 5mm + 4mm = □ mm

② 12mm − 6mm = □ mm

③ 8cm + 7cm = □ cm

④ 20cm − 8cm = □ cm

⑤ 2m + 3m = □ m

⑥ 5m − 1m = □ m

⑦ 3m10cm + 50cm = □ m □ cm

⑧ 4m60cm − 20cm = □ m □ cm

95

学習日 　月　日

いろを
ぬろう

わから
ない　だいたい
できた　できた!

1 　2年生は、1組と　2組があります。
　1組は　27人、2組は　28人です。2年生
は　ぜんぶで　何人　ですか。

2年生？人

1組27人　　2組28人

しき _____

答え _____

2 　ももが　12こ　あります。何こか　買って
きたので、ぜんぶで　30こに　なりました。
買ってきたのは、何こですか。

ぜんぶで　30こ

はじめ12こ　　？こ買った

しき _____

答え _____

1 色紙が 45まい ありました。何まいか
つかったので、のこりが 27まいに なりま
した。何まい つかいましたか。

しき ＿＿＿＿＿＿＿＿＿＿＿＿

答え ＿＿＿＿＿＿＿＿＿＿

2 りんごが、何こか ありました。24こを
くばったので、のこりが 13こに なりました。
りんごは、はじめ 何こ ありましたか。

しき ＿＿＿＿＿＿＿＿＿＿＿＿

答え ＿＿＿＿＿＿＿＿＿＿

学習日　月　日

なまえ

いろをぬろう
わからない　だいたいできた　できた！

1 赤い 色紙は 28まい、青い 色紙は 32
まい あります。 青い 色紙は 赤い 色紙
より 何まい 多いですか。

しき _____

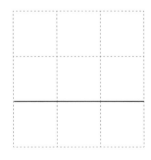

答え _____

2 わたしは、どんぐりを 23こ ひろいました。
兄は、わたしより 11こ 多く ひろった
と いっています。兄は どんぐりを 何こ
ひろいましたか。

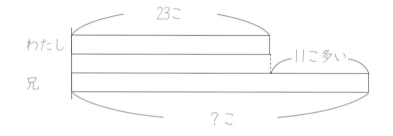

しき _____

答え _____

1　わたしは、絵カードを　32まい　もっています。こうじくんは、わたしより　6まい　少ないそうです。こうじくんは、絵カードを　何まい　もっていますか。

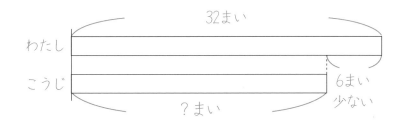

32まい
わたし
こうじ
？まい
6まい
少ない

しき _____

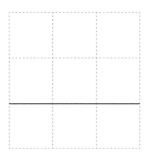

答え _____

2　みんなで　しゃしんを　とりました。
　6きゃくの　いすに　1人ずつ　すわり、そのうしろに　12人が　立ちました。みんなで、何人で　しゃしんを　とりましたか。

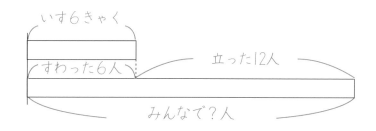

いす6きゃく
すわった6人
立った12人
みんなで？人

しき _____

答え _____

15 かんたんな分数 ①

学習日　月　日

なまえ

いろを
ぬろう
わからない　だいたいできた　できた！

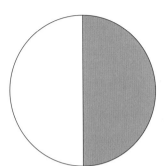

まるい形（かたち）を、同（おな）じ 大きさ の 2つに 分（わ）けます。

2つに 分けた 1つ分（ぶん）を 2分の1と いい、$\frac{1}{2}$ と かきます。

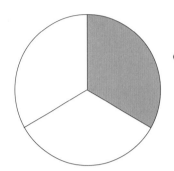

まるい形を、同じ 大きさ の 3つに 分けます。

3つに 分けた 1つ分を 3分の1と いい、$\frac{1}{3}$ と かきます。

1 $\frac{1}{2}$に、色（いろ）を ぬりましょう。

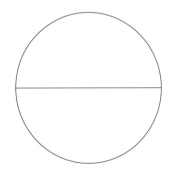 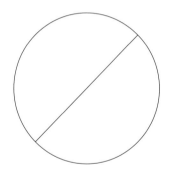

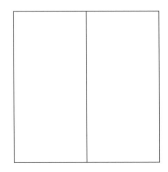 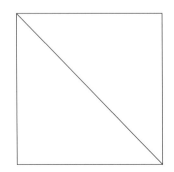

2 $\frac{1}{3}$に 色を ぬりましょう。

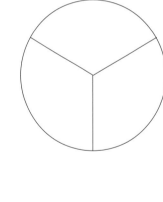 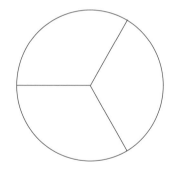

 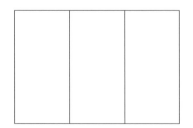

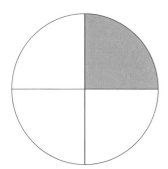

まるい形を、同じ 大きさ
の 4つに 分けます。
4つに 分けた 1つ分を
4分の1 と いい、$\frac{1}{4}$
と かきます。

1 $\frac{1}{4}$に、色を ぬりましょう。

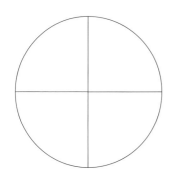 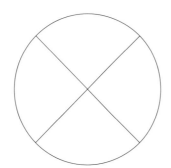

2 正方形の $\frac{1}{4}$に 色を ぬりましょう。

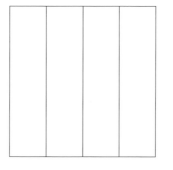 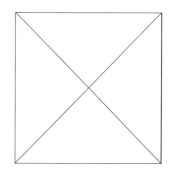

3 長方形の $\frac{1}{4}$に 色を ぬりましょう。

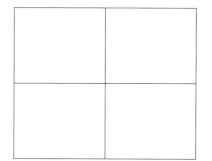

101

学習日　月　日
なまえ
いろをぬろう　わからない　だいたいできた　できた！

1 右の はこの めんの 形を 紙に うつしとり ました。

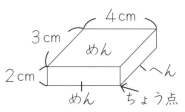

4cm
3cm
2cm
めん
へん
めん
ちょう点

1cm

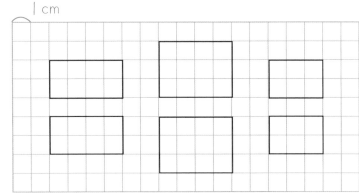

① めんの 形は、何という 四角形ですか。

答え ＿＿＿＿＿＿＿＿＿＿＿

② めんの 数は いくつですか。

答え ＿＿＿＿＿＿＿＿＿＿＿

③ 同じ 形の めんは、いくつずつ ありますか。

答え ＿＿＿＿＿＿＿＿＿＿＿

2 サイコロの めんの 形を 紙に うつしとり ました。

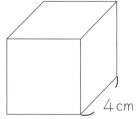

4cm

1cm

① めんの 形は、何という 四角形ですか。

答え ＿＿＿＿＿＿＿＿＿＿＿

② めんの 数は、いくつですか。

答え ＿＿＿＿＿＿＿＿＿＿＿

③ 同じ 形の めんは、いくつ ありますか。

答え ＿＿＿＿＿＿＿＿＿＿＿

16 **はこの形 ②**

学習日　月　日

なまえ

いろを
ぬろう　わからない　だいたいできた　できた！

1 ひごと ねん土玉
で、はこの 形を
つくりました。

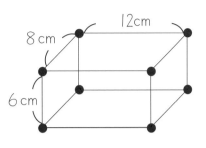

① どんな 長さの ひごを 何本ずつ
よういすれば よいですか。

6cmの ひご □ 本

8cmの ひご □ 本

12cmの ひご □ 本

② ねん土玉は 何こ よういすれば よい
ですか。

ねん土玉 □ こ

2 ひごと ねん土玉で
右のような はこの
形を つくりました。

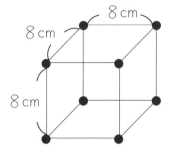

① どんな 長さの ひごを 何本 ようい
すれば よいですか。

答え _____

② ねん土玉は 何こ よういすれば よい
ですか。

答え _____

103

学習日　月　日

なまえ

いろを
ぬろう

わからない　だいたいできた　できた！

1 画用紙に、はこの めんを かいて、切りとって 組みたてようと 思います。

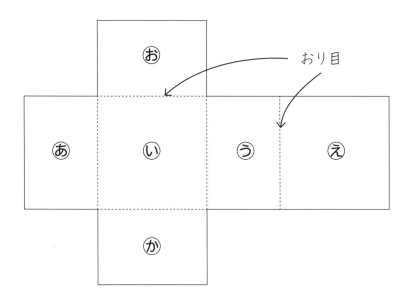

おり目

① はこに したとき、⑥と むきあう めんは どれですか。

答え _____

② はこに したとき、⑥と むきあう めんは どれですか。

答え _____

2 画用紙に、サイコロの めんを かいて、切りとって 組みたてようと 思います。

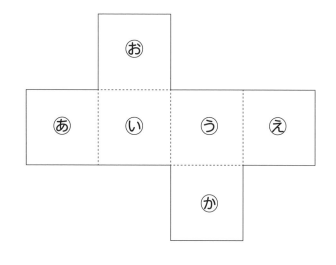

① サイコロに したとき、⑥と むきあう めんは、どれですか。

答え _____

② サイコロに したとき、⑥と むきあう めんは、どれですか。

答え _____

学習日　月　日

なまえ

となりあった
2つの 数を
たして 上へ
のぼって いき
ます。これが つみ木の 計算です。

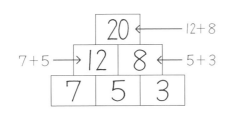

1 つみ木の 計算を しましょう。

①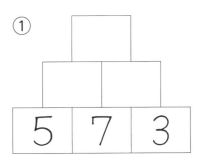

②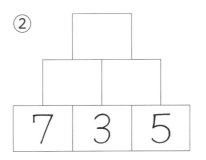

③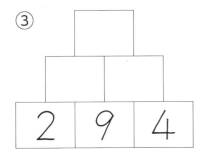

④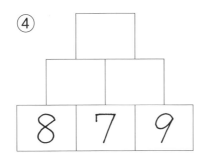

2 つみ木の 計算を しましょう。

①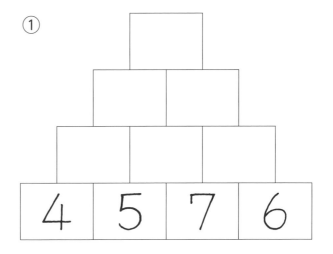

②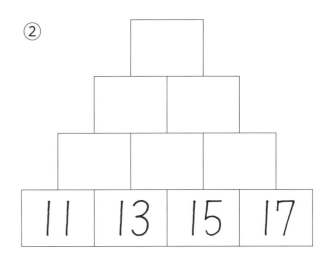

105

右のように
下に さがるとき
は、ひき算に な
ります。

21－8 → | 21 |
　　　　| 13 | 8 |

1 つみ木の 計算を しましょう。

①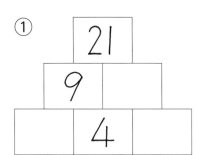

②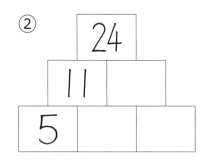

③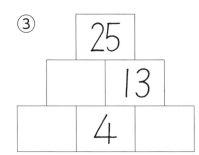

④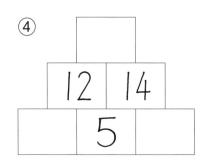

2 つみ木の 計算を しましょう。

①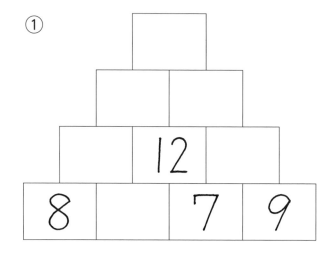

②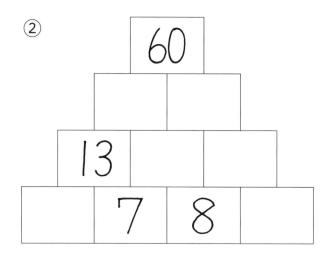

なまえ

ひとふでがきの　きまりは
① かきはじめから　おわりまで　紙から
　えんぴつを　はなさない。
② 同じ　線上は　2ど　とおれない。

（れい）

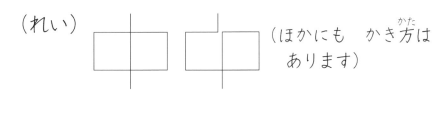

（ほかにも　かき方は
　あります）

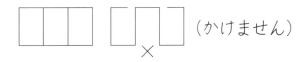

（かけません）

1 ひとふでがきが　できるものに　○、でき
ないものに　×を　かきましょう。

①

②

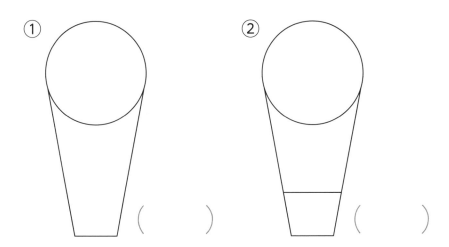

(　)　　(　)

2 ひとふでがきが　できるものに　○、でき
ないものに　×を　かきましょう。

①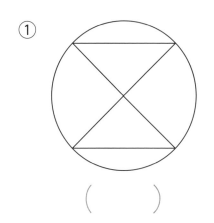

②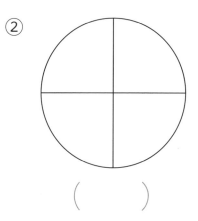

(　)　　　　　　(　)

③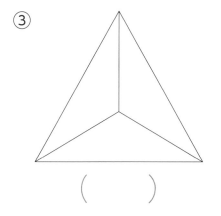

④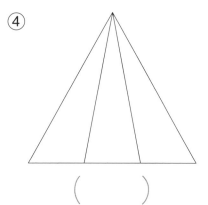

(　)　　　　　　(　)

17 特別ゼミ　九九のひょう ①

学習日　月　日
なまえ

いろを
ぬろう
わから
ない　だいたい　できた！
できた

×	かける数								
	1	2	3	4	5	6	7	8	9
1	1	2	3	4	5	6	7	8	9
2	2	4	6	8	10	12	14	16	18
3	3	6	9	12	15	18	21	24	27
4	4	8	12	16	20	24	28	32	36
5	5	10	15	20	25	30	35	40	45
6	6	12	18	24	30	36	42	48	54
7	7	14	21	28	35	42	49	56	63
8	8	16	24	32	40	48	56	64	72
9	9	18	27	36	45	54	63	72	81

（かけられる数）

4	6
6	9

6－4＝2　2ふえるのは　2のだん！
2×3＝6　下のだんは　3のだん
3×3＝9

1 九九の ひょうから 4マスを とり出しました。□に 入る 数を かきましょう。

①
9	12
12	

②
14	16
	24

③
	24
25	30

④
14	
16	24

⑤
10	12
	24

⑥
	20
18	24

1 九九の ひょうから 4マスを とり出しました。□に 入る 数を かきましょう。

①
	30
30	

②
	12
12	

③
36	
	49

④
64	
	81

⑤
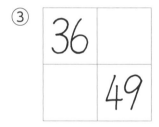

⑥
	20
20	

2 九九の ひょうから 9マスを とり出しました。□に 入る 数を かきましょう。

①

②
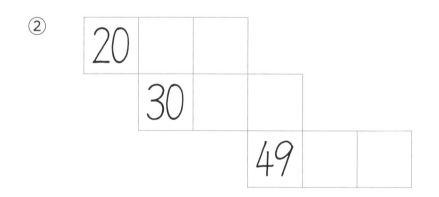

1 ○の 数を 数えましょう。

① ○ ○ ○ ○ ○ ○ ○
　 ○ ○ ○ ○ ○ ○ ○
　 ○ ○ ○ ○ ○ ○ ○
　 ○ ○ ○ ○ ○ ○ ○

$$4 \times \boxed{} = \boxed{}\ (こ)$$

② ○ ○ ○ ○
　 ○ ○ ○ ○
　 ○ ○ ○ ○
　 ○ ○ ○ ○
　 ○ ○ ○ ○
　 ○ ○ ○ ○
　 ○ ○ ○ ○

$$7 \times \boxed{} = \boxed{}\ (こ)$$

1 で 4×7＝28、7×4＝28 でした。

かけ算のとき、かけられる数と、かける数を 入れかえても ひとしい ことが いえます。

つまり

$$4 \times 7 = 7 \times 4$$

2 ひとしい ものを 線で むすびましょう。

① 5×3 ・　　・ ㋐ 8×6

② 6×8 ・　　・ ㋑ 3×5

③ 3×7 ・　　・ ㋒ 4×5

④ 9×6 ・　　・ ㋓ 6×9

⑤ 5×4 ・　　・ ㋔ 7×3

いろを
ぬろう
わから　だいたい　できた！
ない　できた

1 ○の　数を　数えましょう。

① ○ ○ ○ ○ ○ ○ ○ ○
○ ○ ○ ○ ○ ○ ○ ○
○ ○ ○ ○ ○ ○ ○ ○
○ ○ ○ ○ ○ ○ ○ ○
○ ○ ○ ○ ○ ○ ○ ○

$$5 \times \boxed{} = \boxed{} \text{（こ）}$$

② ○ ○ ○ ○ ○ ○ ○　○
○ ○ ○ ○ ○ ○ ○　○
○ ○ ○ ○ ○ ○ ○　○
○ ○ ○ ○ ○ ○ ○　○
○ ○ ○ ○ ○ ○ ○　○

$$5 \times \boxed{} + 5 = \boxed{} \text{（こ）}$$

1 で　$5 \times 8 = 40$、$5 \times 7 = 35$　でした。
　5のだんの　九九は　5ずつ　ふえるので、
つぎの　ことが　いえます。

$$5 \times 8 = 5 \times 7 + 5$$
$$5 \times 8 = 5 \times 9 - 5$$

2 ひとしい　ものを　線で　むすびましょう。

① 7×6 ・ 　　・ ㋐ $4 \times 8 + 4$

② 4×9 ・ 　　・ ㋑ $7 \times 5 + 7$

③ 6×5 ・ 　　・ ㋒ $6 \times 4 + 6$

④ 8×3 ・ 　　・ ㋓ $9 \times 6 - 9$

⑤ 9×5 ・ 　　・ ㋔ $8 \times 4 - 8$

111

学習日　月　日

なまえ

5のだんの　九九は　5ずつ　ふえました。
この　せいしつを　つかうと、つぎのように
なります。

$$5×10=5×9+5$$
$$=50$$
$$5×11=5×10+5$$
$$=55$$
$$5×12=5×11+5$$
$$=60$$

1 つぎの　計算を　しましょう。

① $2×10=2×9+2$
$$=\boxed{}$$

② $2×11=2×10+2$
$$=\boxed{}$$

③ $2×12=2×11+2$
$$=\boxed{}$$

2 つぎの　計算を　しましょう。

① $3×10=\boxed{}$ 　② $3×11=\boxed{}$

③ $4×10=\boxed{}$ 　④ $4×11=\boxed{}$

⑤ $6×10=\boxed{}$ 　⑥ $6×11=\boxed{}$

⑦ $7×10=\boxed{}$ 　⑧ $7×11=\boxed{}$

⑨ $8×10=\boxed{}$ 　⑩ $8×11=\boxed{}$

⑪ $9×10=\boxed{}$ 　⑫ $9×11=\boxed{}$

特別ゼミ　かけ算のせいしつ ④

学習日　月　日

なまえ

いろを
ぬろう

わからない　だいたいできた　できた！

1 ○の 数を 数えましょう。

① ○○○○○○○○○○○○
○○○○○○○○○○○○
○○○○○○○○○○○○
○○○○○○○○○○○○

$$4 \times \boxed{} = \boxed{} \,(こ)$$

② ○○○○○○○○○○○
○○○○○○○○○○○
○○○○○○○○○○○
○○○○○○○○○○○
○○○○○○○○○○○
○○○○○○○○○○○
○○○○○○○○○○○
○○○○○○○○○○○

$$\boxed{} \times \boxed{} = \boxed{} \,(こ)$$

2 ○の 数を 数えましょう。

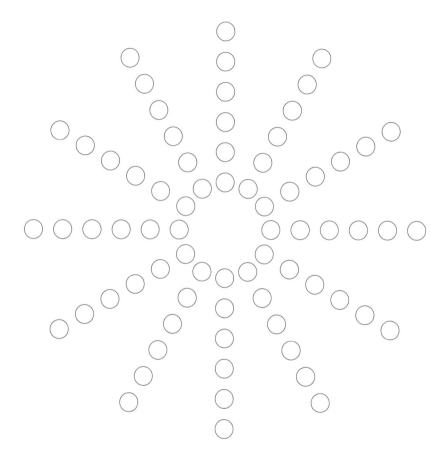

$$\boxed{} \times \boxed{} = \boxed{} \,(こ)$$

17 特別ゼミ　かけ算のせいしつ ⑤

| 学習日 |
| 月　　日 |

なまえ

いろを
ぬろう
わからない　だいたいできた　できた！

10円玉が　ならんでいます。

10×1＝10（円）

10×2＝20（円）

10×3＝30（円）

10×4＝40（円）

10×5＝50（円）

10×7＝70（円）

10×6＝60（円）

10×8＝80（円）

……。これは　10のだんの　かけ算ですね。

10の　かけ算には、つぎのような　計算の
しかたも　あります。

0を1つかく

$$10 \times 9 = 90$$

1×9

また、かけ算には、かけられる数と　かける
数を　入れかえても、答えは　同じに　なる
せいしつより

0を1つかく

$$9 \times 10 = 90$$

9×1

1 つぎの　計算を　しましょう。

① 7×10＝ ☐

② 8×10＝ ☐

答　え

① ケーニヒスベルクの町には 7 つの橋がありました。「それぞれの橋を 1 回ずつわたり、7 つの橋すべてをわたれるか？」という問題がありました。

② オイラーは考えました。

この問題には重要な原理がひそんでいるな

③

線でつないで

④

いらないものをのぞくと

このことがひとふでがきの始まりで、新しい数学に発展しました。

オイラー
（1707年〜1783年）
スイス

　オイラーは、スイスのバーゼルで生まれました。父親は牧師で、オイラーにも牧師になってもらいたいと思って神学を勉強させました。

　しかし、オイラーは数学の授業がすきで、大数学者ベルヌイの授業は欠かさずにうけました。

　父親がベルヌイに「オイラーを牧師にしたい。」といったとき、ベルヌイは「とんでもありません。オイラーは、すばらしい数学の才能をもっています。わたしがひきうけます。」といわれ、父親もあきらめました。

　こうして、オイラーは数学の研究を続けました。19才のとき、パリ科学アカデミーの問題を 1 つの論文にまとめ、みごとアカデミー賞をとりました。

　しかし、彼の人生は苦しいことやつらいことが続きました。

① ひょうとグラフ ①

学習日	なまえ
月　日	

いろをぬろう　わからない／だいたい／できた

1 下の どうぶつの 絵の 数を しらべましょう。

① りす、ねこ、いぬ、うさぎの 絵の 数だけ □に 色を ぬりましょう。

り　す
ね　こ
い　ぬ
うさぎ

② 絵の 数を ひょうに かきましょう。

	り　す	ね　こ	い　ぬ	うさぎ
数(まい)	6	4	3	2

③ 絵の 数を グラフに かきましょう。

どうぶつの 絵

○の 数で あらわしましょう。

○			
○			
○	○		
○	○		
○	○	○	○
○	○	○	○

どうぶつの名→ り　す　ね　こ　い　ぬ　うさぎ

5

---

① ひょうとグラフ ②

学習日	なまえ
月　日	

いろをぬろう　わからない／だいたい／できた

1 下の どうぶつの 絵の 数を しらべましょう。

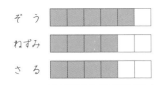

① ぞう、ねずみ、さる、パンダの 絵の 数だけ □に 色を ぬりましょう。

ぞ　う
ねずみ
さ　る
パンダ

② 絵の 数を ひょうに かきましょう。

	ぞ　う	ねずみ	さ　る	パンダ
数(まい)	5	4	4	2

③ 絵の 数を グラフに かきましょう。

どうぶつの 絵

○の 数で あらわしましょう。

○			
○	○	○	
○	○	○	
○	○	○	○
○	○	○	○

どうぶつの名→ ぞ　う　ねずみ　さ　る　パンダ

6

---

② たし算のひっ算 ①

学習日	なまえ
月　日	

いろをぬろう　わからない／だいたい／できた

1 水野さんは 23まいの カードを、丸山さんは 25まいの カードを もっています。あわせて 何まいですか。

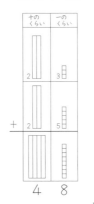

タイルの 図で 考えます。くらいを そろえて かいて、一のくらいから 計算します。

```
   2 3
 + 2 5
 ─────
   4 8
```

しき 23 + 25 = 48

答え 48まい

2 つぎの 計算を しましょう。

①
```
   2 3
 + 4 5
 ─────
   6 8
```

②
```
   4 1
 + 4 5
 ─────
   8 6
```

③
```
   7 4
 + 2 3
 ─────
   9 7
```

④
```
   5 2
 + 3 5
 ─────
   8 7
```

⑤
```
   5 3
 + 2 6
 ─────
   7 9
```

⑥
```
   4 1
 + 1 8
 ─────
   5 9
```

7

---

② たし算のひっ算 ②

学習日	なまえ
月　日	

いろをぬろう　わからない／だいたい／できた

1 つぎの 計算を しましょう。

①
```
   2 4
 + 3 0
 ─────
   5 4
```

②
```
   6 2
 + 2 0
 ─────
   8 2
```

③
```
   3 5
 + 1 0
 ─────
   4 5
```

④
```
   2 0
 + 4 4
 ─────
   6 4
```

⑤
```
   3 0
 + 3 7
 ─────
   6 7
```

⑥
```
   1 0
 + 5 4
 ─────
   6 4
```

2 つぎの 計算を しましょう。

①
```
   3 1
 +   7
 ─────
   3 8
```

②
```
   2 6
 +   3
 ─────
   2 9
```

③
```
   4 4
 +   5
 ─────
   4 9
```

④
```
     7
 + 2 1
 ─────
   2 8
```

⑤
```
     6
 + 3 2
 ─────
   3 8
```

⑥
```
     5
 + 4 2
 ─────
   4 7
```

8

116

② たし算のひっ算 ③

学習日 月 日　なまえ

1 原田さんは 27まいの カードを、山本さん は 25まいの カードを もっています。あわせて 何まいですか。

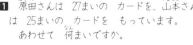

くらいを そろえて かいて、一のくらいから 計算します。

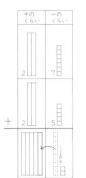

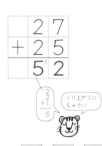

くり上がりに ちゅうい

しき　27 + 25 = 52

答え　52まい

2 つぎの 計算を しましょう。

① 37 + 45 = 82
② 26 + 66 = 92
③ 48 + 47 = 95
④ 79 + 18 = 97
⑤ 56 + 29 = 85
⑥ 34 + 58 = 92

9

② たし算のひっ算 ④

学習日 月 日　なまえ

1 つぎの 計算を しましょう。

① 25 + 25 = 50
② 23 + 27 = 50
③ 38 + 22 = 60
④ 45 + 35 = 80
⑤ 42 + 18 = 60
⑥ 31 + 39 = 70

2 つぎの 計算を しましょう。

① 37 + 5 = 42
② 13 + 9 = 22
③ 6 + 57 = 63
④ 8 + 48 = 56
⑤ 36 + 4 = 40
⑥ 47 + 3 = 50

10

② たし算のひっ算 ⑤

学習日 月 日　なまえ

1 つぎの 計算を しましょう。

① 32 + 54 = 86
② 14 + 54 = 68
③ 34 + 40 = 74
④ 32 + 5 = 37
⑤ 38 + 46 = 84
⑥ 37 + 58 = 95

2 つぎの 計算を しましょう。

① 63 + 28 = 91
② 35 + 35 = 70
③ 42 + 23 = 65
④ 25 + 53 = 78
⑤ 57 + 8 = 65
⑥ 8 + 39 = 47

11

② たし算のひっ算 ⑥

学習日 月 日　なまえ

1 たす数と たされる数を 入れかえて 計算しましょう。

27 + 34 = 61　　34 + 27 = 61

このことから、つぎの ことが わかります。

たされる数と たす数を いれかえて 計算しても、答えは 同じになります。

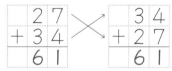

たされる数 …… 27　　34
たす数 …… +34　　+27
答え …… 61　　61

2 計算しないで、答えの 同じになる しきを 見つけて、線で むすびましょう。

① 46+21
② 35+43
③ 55+36
④ 20+17

㋐ 43+35
㋑ 21+46
㋒ 55+63
㋓ 17+20
㋔ 36+55

3 答えが 70になる しきを 2つ つくりましょう。

(れい)
40 + 30 = 70　　52 + 18 = 70

12

3 ひき算のひっ算 ①

学習日　月　日　／　なまえ

いろを ぬろう

1 いちごが 78こ あります。いま、43こ 食べました。のこりは 何こですか。

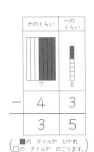

タイルの 図で 考えます。くらいを そろえて かいて、一のくらいから 計算します。

```
   7 8
 - 4 3
   3 5
```

（■の タイルが ひかれ　□の タイルが のこります。）

しき　78 − 43 = 35

答え　35こ

2 つぎの 計算を しましょう。

① 68 − 45 = 23
② 86 − 35 = 51
③ 97 − 23 = 74
④ 87 − 52 = 35
⑤ 79 − 26 = 53
⑥ 59 − 18 = 41

13

---

3 ひき算のひっ算 ②

学習日　月　日　／　なまえ

1 つぎの 計算を しましょう。

① 59 − 20 = 39
② 86 − 60 = 26
③ 69 − 30 = 39
④ 81 − 40 = 41
⑤ 74 − 20 = 54
⑥ 45 − 10 = 35

2 つぎの 計算を しましょう。

① 66 − 5 = 61
② 49 − 7 = 42
③ 35 − 2 = 33
④ 28 − 6 = 22
⑤ 76 − 3 = 73
⑥ 57 − 5 = 52

14

---

3 ひき算のひっ算 ③

学習日　月　日　／　なまえ

いろを ぬろう

1 さくらんぼが 53こ あります。いま、25こ 食べました。のこりは 何こですか。

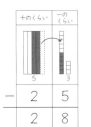

一のくらいは 3−5で、ひけません。十のくらいから1を かりて、10に します。10−5=5、5+3=8 十のくらいは、くり下がったので 4−2=2

```
     4
   5 3
 - 2 5
   2 8
```

しき　53 − 25 = 28

答え　28こ

2 つぎの 計算を しましょう。

① 82 − 37 = 45
② 92 − 66 = 26
③ 75 − 47 = 28
④ 97 − 79 = 18
⑤ 85 − 56 = 29
⑥ 72 − 43 = 29

15

---

3 ひき算のひっ算 ④

学習日　月　日　／　なまえ

1 つぎの 計算を しましょう。

① 70 − 37 = 33
② 80 − 42 = 38
③ 90 − 55 = 35
④ 50 − 48 = 2
⑤ 60 − 53 = 7
⑥ 40 − 34 = 6

2 つぎの 計算を しましょう。

① 72 − 8 = 64
② 43 − 7 = 36
③ 85 − 6 = 79
④ 56 − 9 = 47
⑤ 62 − 5 = 57
⑥ 93 − 4 = 89

16

③ ひき算のひっ算 ⑤

いろを ぬろう　わからない　だいたいできた　できた！

❶ つぎの 計算を しましょう。

①
```
  8 6
- 5 4
  3 2
```

②
```
  7 8
- 5 2
  2 6
```

③
```
  5 3
- 2 0
  3 3
```

④
```
  2 7
-   5
  2 2
```

⑤
```
  7 2
- 4 7
  2 5
```

⑥
```
  8 5
- 5 6
  2 9
```

❷ つぎの 計算を しましょう。

①
```
  4 3
- 1 8
  2 5
```

②
```
  4 0
- 2 5
  1 5
```

③
```
  7 9
- 3 6
  4 3
```

④
```
  5 8
- 2 8
  3 0
```

⑤
```
  6 3
-   9
  5 4
```

⑥
```
  5 0
- 4 7
    3
```

17

③ ひき算のひっ算 ⑥

いろを ぬろう　わからない　だいたいできた　できた！

❶ ひき算の 答えに、ひく数を たすと、どうなるでしょう。計算して みましょう。

このことから、つぎの ことが わかります。

ひき算の 答えに ひく数を たすと ひかれる数に なります。

```
ひかれる数……… 5 2      3 6
ひく数……… - 1 6   → + 1 6
答え……… 3 6      5 2
```

❷ ひき算の たしかめになる たし算の しきを 見つけて、線で むすびましょう。

① 54−36　　　㋐ 24+24
② 48−24　　　㋑ 18+36
③ 63−47　　　㋒ 48+24
④ 78−18　　　㋓ 16+47
　　　　　　　㋔ 60+18

❸ 答えが 18になる しきを 2つ つくりましょう。

(れい)
[30] − [12] =18　　[48] − [30] =18

18

④ 長 さ ①

いろを ぬろう　わからない　だいたいできた　できた！

長さは、1センチメートルが いくつ分 あるかで あらわします。**センチメートル** は 長さの たんいで **cm** とかきます。

長さを はかるとき ものさしを つかいます。

❶ 長さを 正しく はかっているのは どれですか。○を つけましょう。

①（　）　②（　）　③（ ○ ）

❷ つぎの ものの 長さは どれだけですか。

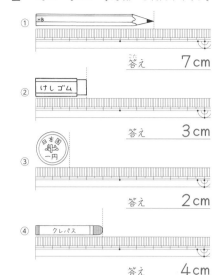

① 答え　7 cm
② 答え　3 cm
③ 答え　2 cm
④ 答え　4 cm

19

④ 長 さ ②

いろを ぬろう　わからない　だいたいできた　できた！

❶ 1cm ほうがんの 上に ある 直線の 長さは それぞれ 何cm ですか。

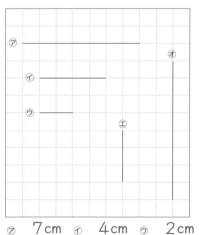

㋐　7 cm　　㋑　4 cm　　㋒　2 cm
㋓　3 cm　　㋔　8 cm

❷ 1cm ほうがんを つかって ・から 右へ 直線を ひきましょう。

㋐ 8 cm　㋑ 6 cm　㋒ 3 cm
㋓ 5 cm　㋔ 4 cm

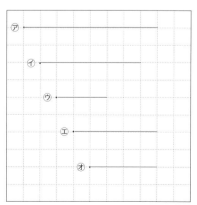

20

目もりが 1cmの ものさしでは はんぱの 長さは わかりません。そこで 1cmを 同じ 長さに 10に 分けた 1つ分の 長さを 1ミリメートル と いい、1mm と かきます。

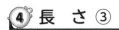

1cm＝10mm

クレヨンの 長さは 2cm5mmでした。

1 つぎの 長さは 何cm何mmですか。

5 cm 2 mm

2 つぎの 長さは 何cm何mmですか。

① 8 cm 1 mm

② 7 cm 5 mm

③ スティックのり 5 cm 5 mm

21

---

1 つぎの 長さは 何cm何mmですか。ものさしで はかりましょう。

① 8 cm 5 mm

② 7 cm 5 mm

③ 4 cm 7 mm

④ 6 cm 2 mm

えんぴつの 長さは 7cm5mmです。
1cm＝10mm
なので 7cm5mmは 75mmに なります。

2 □に あてはまる 数を かきましょう。

① 4cm＝ 40 mm

② 60mm＝ 6 cm

③ 3cm7mm＝ 37 mm

④ 28mm＝ 2 cm 8 mm

⑤ 79mm＝ 7 cm 9 mm

22

---

1 つぎの 長さの 直線を ひきましょう。

① 4cm　② 6cm5mm
③ 5cm4mm　④ 77mm

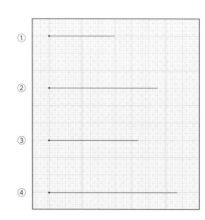

2 つぎの 計算を しましょう。

① 4cm＋3cm＝ 7 cm

② 5cm＋4cm＝ 9 cm

③ 7cm－3cm＝ 4 cm

④ 10cm－4cm＝ 6 cm

23

---

1 つぎの 計算を しましょう。

① 5cm4mm＋4cm＝ 9 cm 4 mm

② 8cm3mm－3cm＝ 5 cm 3 mm

③ 5mm＋3cm2mm＝ 3 cm 7 mm

④ 3cm6mm－2mm＝ 3 cm 4 mm

2 つぎの 計算を しましょう。

① 3mm＋4mm＝ 7 mm

② 5mm＋7mm＝ 12 mm

③ 6mm－2mm＝ 4 mm

④ 17mm－8mm＝ 9 mm

⑤ 2cm3mm＋2cm＝ 4 cm 3 mm

⑥ 2mm＋3cm3mm＝ 3 cm 5 mm

⑦ 4cm8mm－4mm＝ 4 cm 4 mm

⑧ 3cm1mm－2cm＝ 1 cm 1 mm

24

120

学習日 月 日　なまえ

いろをぬろう　わからない　だいたいできた　できた!

1 いちごは 何こ ありますか。

216こ

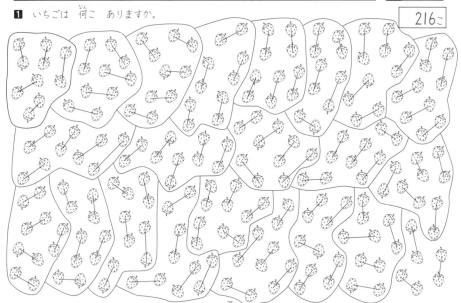

学習日 月 日　なまえ

いろをぬろう　わからない　だいたいできた　できた!

100を タイルで あらわすと

100 (1のタイルが 100こ)	100 (10のタイルが 10本)	100 (100のタイルが 1まい)

25ページの いちごを 10こずつ かこみました。

(れい)

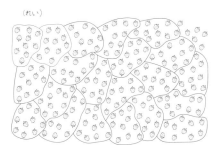

いちごは ぜんぶで 216こ ありました。

タイルで あらわすと (タイル図)

100の タイルは 図のように かさねて かきます。

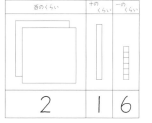

百のくらい	十のくらい	一のくらい
2	1	6

学習日 月 日　なまえ

いろをぬろう　わからない　だいたいできた　できた!

1 タイルを 数に しましょう。

①

答え　200

②

答え　365

③

答え　507

2 つぎの 数を かきましょう。

① 100を 7こと、10を 5こと、1を 4こ あわせた数　754

② 100を 8こと、10を 4こと、1を 6こ あわせた数　846

③ 100を 6こと、10を 3こ あわせた 数　630

④ 100を 1こと、10を 2こ あわせた 数　120

⑤ 100を 3こと、1を 7こ あわせた 数　307

⑥ 100を 7こと、1を 4こ あわせた 数　704

学習日 月 日　なまえ

いろをぬろう　わからない　だいたいできた　できた!

1 □に あてはまる数を かきましょう。

① 531は、100を 5 こ、10を 3 こ、1を 1 こ あわせた 数です。

② 765は、100を 7 こ、10を 6 こ、1を 5 こ あわせた 数です。

③ 430は、100を 4 こ、10を 3 こ あわせた 数です。

④ 208は、100を 2 こ、1を 8 こ あわせた 数です。

⑤ 百のくらいの 数字が 8、十のくらいの 数字が 4、一のくらいの 数字が 2の 数は 842 です。

200と 300を くらべると 300の 方が 大きいです。それを 200<300 と あらわします。

200 < 300

2 大小の きごう<, >を □に 入れましょう。

① 741 > 729　② 902 > 899

③ 407 < 470　④ 234 < 243

3 つぎの 数を かきましょう。

① 300より 400 大きい 数は 700

② 800より 500 小さい 数は 300

③ 900より 90 大きい 数は 990

④ 900より 99 大きい 数は 999

1 数の 直線（数直線）を 考えましょう。1目もりは 1です。⑦、⑦、⑦、⑦、⑦の 数を かきましょう。

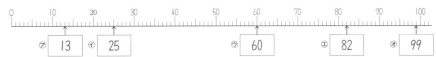

⑦ 13　⑦ 25　⑦ 60　⑦ 82　⑦ 99

2 1目もりは、10です。⑦、⑦、⑦、⑦、⑦の 数を かきましょう。

⑦ 130　⑦ 250　⑦ 600　⑦ 820　⑦ 990

3 下の 数直線に、⑦280、⑦410、⑦560、⑦740、⑦960を かきましょう。

⑦ 280　⑦ 410　⑦ 560　⑦ 740　⑦ 960

 10を 10こ あつめた 数は 100に なります。

 100を 10こ あつめた 数は 千と いい、1000と かきます。

1 □に あてはまる 数を かきましょう。

① 10を 21こ あつめた 数は 210

② 10を 32こ あつめた 数は 320

③ 10を 40を あつめた 数は 400

④ 480は 10を 48 こ あつめた 数

⑤ 560は 10を 56 こ あつめた 数

⑥ 800は 10を 80 こ あつめた 数

2 □に あてはまる 数を かきましょう。

① 100を 8こ あつめた 数は 800

② 100を 10こ あつめた 数は 1000

③ 700は 100を 7 こ あつめた 数

④ 1200は 100を 12 こ あつめた 数

30+40の 計算を 考えます。

10円玉が 3まいと、4まいを あわせた 数の 7まいで 70円に なります。10の かたまりで 考えれば、3+4=7 です。

$$30 + 40 = 70$$

50−30の 計算は どうでしょう。

10円玉 5まいから 3まい とって、のこりの 2まいで 20円です。10の かたまりで 考えれば、5−3=2です。

$$50 - 30 = 20$$

1 つぎの 計算を しましょう。

① $30+90=120$

② $40+70=110$

③ $80+60=140$

④ $70+90=160$

⑤ $70-20=50$

⑥ $100-40=60$

⑦ $120-50=70$

⑧ $160-90=70$

300+200の 計算を 考えます。

100円玉が 3まいと、2まいを あわせた 数の 5まいで 500円に なります。100の かたまりで 考えれば、3+2=5 です。

$$300 + 200 = 500$$

600−300の 計算は どうでしょう。

100円玉 6まいから 3まい とって、のこりの 3まいで 300円です。100の かたまりで 考えれば、6−3=3 です。

$$600 - 300 = 300$$

1 つぎの 計算を しましょう。

① $300+500=800$

② $400+400=800$

③ $800+700=1500$

④ $900+900=1800$

⑤ $600-200=400$

⑥ $800-400=400$

⑦ $1000-300=700$

⑧ $1000-600=400$

やかんや ポットに 入る 水の かさを はかるとき、1リットルますを つかいます。
1リットルは 1Lと かきます。

1 水の かさは、それぞれ 何Lですか。

①

答え　4L

②

答え　1L

2 水の かさは、それぞれ 何Lですか。

①

答え　3L

②

答え　5L

3 つぎの 計算を しましょう。

① 2L＋3L＝ 5 L

② 5L＋6L＝ 11 L

③ 6L−2L＝ 4 L

④ 10L−7L＝ 3 L

33

ジュースの かさを はかります。1Lを 10に 分けた 1つ分を 1デシリットルと いい 1dLと かきます。

ジュースは5dL

1L＝10dL

1 つぎの かさを ⑦、①の あらわしかたで かきましょう。

①

⑦ 2L dL
① 20dL

②

⑦ 1L 2dL
① 12dL

2 2つの ポットが あります。⑦は 水が 1L5dL 入り、①は 水が 1L 入ります。

⑦　①

① あわせて 水は 何L何dLですか。

1L5dL＋1L＝ 2 L 5 dL

② ちがいは 何dLですか。

1L5dL−1L＝ 5 dL

3 つぎの 計算を しましょう。

① 2L3dL＋4dL＝ 2 L 7 dL

② 3L4dL＋5dL＝ 3 L 9 dL

③ 1L6dL−3dL＝ 1 L 3 dL

34

---

dLより 小さい かさを あらわす たんいに ミリリットルが あります。
ミリリットルは mLと かきます。

1L＝1000mL　1dL＝100mL

1 かさの たんい（L、dL、mL）を かきましょう。

① 1 L ＝1000 mL

② 2 dL ＝200 mL

2 びんと かんの ジュースが あります。

500mL　350mL

① 2つ あわせて 何mL ですか。

500mL＋350mL＝ 850 mL

② ちがいは 何mL ですか。

500mL−350mL＝ 150 mL

3 □に あてはまる 数を かきましょう。

① 2L＝ 20 dL＝ 2000 mL

② 5 L＝50dL＝ 5000 mL

③ 7 L＝ 70 dL＝7000mL

35

---

1 □に あてはまる 数を かきましょう。

① 1Lは、1dLを 10 こ あつめた かさです。

② 4Lは、1Lの かさ 4 つ分の かさです。

③ 3L4dLは、 34 dLです。

④ 63dLは、 6 L 3 dLです。

⑤ 2L8dLは、 2800 mLです。

⑥ 5800mLは、 5 L 8 dLです。

2 2つの かさを くらべて、多い 方に ○を つけましょう。

① ( ) ⑦ 430mL
　(○) ① 4L

② ( ) ⑦ 2L
　(○) ① 21dL

③ (○) ⑦ 1L
　( ) ① 9dL

④ (○) ⑦ 7dL
　( ) ① 670mL

⑤ (○) ⑦ 28dL
　( ) ① 200mL

36

123

6 水のかさ ⑤ まとめ

1 つぎの たんいに なおしましょう。

(1つ5点)

① 118dL = 1800 mL

② 3L4dL = 3400 mL

③ 4dL = 400 mL

④ 36dL = 3600 mL

⑤ 700mL = 7 dL

⑥ 1200mL = 12 dL

⑦ 2400mL = 2 L 4 dL

⑧ 4300mL = 4 L 3 dL

2 ジュースが 1L あります。2dL のみました。のこりは 何dLですか。

(しき15点、答え15点)

しき 10dL−2dL=8dL

答え 8dL

3 4L の お茶が あります。2本の ペットボトルに 1L5dLずつ 入れます。のこりは 何Lですか。

(しき15点、答え15点)

しき 1L5dL+1L5dL=3L

4L−3L=1L

答え 1L

37

---

7 時こくと時間 ①

7時　　　7時30分

かなさんが、朝食を 食べはじめた 時こくは 7時です。食べおわった 時こくは 7時30分です。食べはじめた 時こくから、食べおわる 時こくの 間を **時間**と いいます。

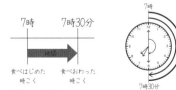

7時　　7時30分

食べはじめた時こく　食べおわった時こく

時計の 長い はりが 1まわり する 時間は 1時間です。

1時間＝60分

1 時計を 見て 答えましょう。

① 時こくは 何時ですか。

答え 6時

② 1時間後は、何時ですか。

答え 7時

③ 1時間前は、何時ですか。

答え 5時

④ 長い はりは 何分で 1まわり しますか。

答え 60分

⑤ みじかい はりは 1時間で 何目もり すすみますか。

答え 5目もり

38

---

7 時こくと時間 ②

1 1日の 生活です。

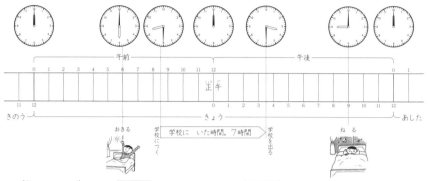

① 朝 おきた 時こくは **午前** 6時です。ねたのは **午後** 9時です。

② 学校に ついた 時こくは、午前 **8時30分** 、学校を 出たのは 午後 **3時30分** で 家に 帰りました。学校にいた 時間は **7** 時間です。

③ 午前は **12** 時間で、午後は **12** 時間です。1日は **24** 時間です。

39

---

7 時こくと時間 ③

1 午前の ことです。

① 右の 時こくに 学校に つきました。その 時こくを かきましょう。

答え 午前8時15分

② 30分後に 1時間目が はじまりました。その 時こくを かきましょう。

答え 午前8時45分

③ 1時間目は 45分間です。1時間目が おわる 時こくを かきましょう。

答え 午前9時30分

④ 1時間目の おわりから、10時までは、何分間 ありますか。

答え 30分間

2 午後の ことです。

① 右の 時こくに 学校を 出ました。その 時こくを かきましょう。

答え 午後3時45分

② 20分後に、家に つきました。その 時こくを かきましょう。

答え 午後4時5分

③ 家に つき、45分後に しゅくだいを おえました。その 時こくを かきましょう。

答え 午後4時50分

④ しゅくだいが おわってから、6時までは、何分間 ありますか。

答え 70分間

40

学習日　月　日
なまえ

1 つぎの 時間を 分に なおしましょう。

① 1時間30分

答え　90分

② 2時間

答え　120分

③ 3時間20分

答え　200分

2 つぎの 時間を 何時間何分に なおしましょう。

① 80分

答え　1時間20分

② 140分

答え　2時間20分

③ 210分

答え　3時間30分

3 小川さんは 110分間、山口さんは 95分間 歩きました。小川さんは 山口さんより 何分間 多く 歩きましたか。

しき　110−95=15

答え　15分間

4 田中さんは、本を きのう 1時間10分、きょうは 80分間 読みました。きょうの 方が、何分間 多く 読みましたか。

しき　80−70=10

答え　10分間

41

学習日　月　日
なまえ

ごうかく　80〜100点

1 □に あてはまる 数を かきましょう。(1つ10点)

① 1時間は 60 分です。

② 1日は 午前と 午後が 12 時間 ずつあり、1日は 24時間です。

2 つぎの 時間で ①、②は 何分に、③、④ は 何時間何分に なおしましょう。(1つ10点)

① 1時間20分

答え　80分

② 2時間10分

答え　130分

③ 90分

答え　1時間30分

④ 150分

答え　2時間30分

3 山田さんは 85分間、川口さんは 110分間 歩きました。川口さんは 山田さんより 何分間 多く 歩きましたか。(しき10点、答え10点)

しき　110−85=25

答え　25分間

4 竹中さんは、家から 15分間 歩いて、近く のえきに つきました。10分間 まってから、電車に のりました。電車が おおさかえき に つくまでに 45分間 かかりました。家 から おおさかえきまで 何時間何分 かかりましたか。(しき10点、答え10点)

しき　15+10+45=70
　　1時間10分

答え　1時間10分

42

学習日　月　日
なまえ

1 赤い 色紙が 62まいと 青い 色紙が 73まい あります。色紙は あわせて 何まい ですか。

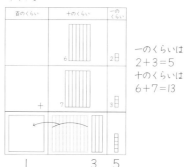

一のくらいは
2+3=5
十のくらいは
6+7=13

1　3　5

くり上がり1回です。

62+73=135

答え　135まい

2 つぎの 計算を しましょう。

①

```
   6 3
 + 5 4
 1 1 7
```

②
```
   8 4
 + 4 3
 1 2 7
```

③

```
   7 5
 + 8 1
 1 5 6
```

④

```
   6 2
 + 9 3
 1 5 5
```

⑤

```
   8 1
 + 6 6
 1 4 7
```

⑥

```
   7 2
 + 6 2
 1 3 4
```

43

学習日　月　日
なまえ

1 男子が 75人、女子が 57人 います。 あわせると 何人ですか。

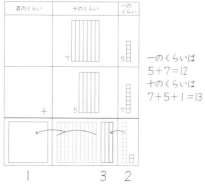

一のくらいは
5+7=12
十のくらいは
7+5+1=13

1　3　2

くり上がり2回です。

75+57=132

答え　132人

2 つぎの 計算を しましょう。

①
```
   2 4
 + 9 7
 1 2 1
```

②
```
   5 4
 + 7 9
 1 3 3
```

③

```
   7 5
 + 8 8
 1 6 3
```

④

```
   6 8
 + 7 4
 1 4 2
```

⑤

```
   3 4
 + 7 8
 1 1 2
```

⑥

```
   7 9
 + 4 4
 1 2 3
```

44

125

8 たし算のひっ算 ⑨

学習日　月　日　／　なまえ　／　いろをぬろう

1 ものがたりの 本が 74さつ、図かんが 28
さつ あります。本は あわせて
何さつですか。

百のくらい	十のくらい	一のくらい
	7	4
＋	2	8
1	0	2

一のくらいは
4＋8＝12
十のくらいは
7＋2＋1＝10

```
  7 4
+ 2 8
-----
1 0 2
```
くり上がって、くり上がります。
74＋28＝ 102

答え 102さつ

2 つぎの 計算を しましょう。

①
```
  2 5
+ 7 6
-----
1 0 1
```

②
```
  4 5
+ 5 9
-----
1 0 4
```

③
```
  6 3
+ 3 7
-----
1 0 0
```

④
```
  3 4
+ 6 9
-----
1 0 3
```

⑤
```
  7 5
+ 2 5
-----
1 0 0
```

⑥
```
  1 9
+ 8 8
-----
1 0 7
```

45

8 たし算のひっ算 ⑩

学習日　月　日　／　なまえ　／　いろをぬろう

1 つぎの 計算を しましょう。

①
```
  5 3
+ 6 1
-----
1 1 4
```

②
```
  3 4
+ 9 4
-----
1 2 8
```

③
```
  4 2
+ 7 9
-----
1 2 1
```

④
```
  8 8
+ 3 6
-----
1 2 4
```

⑤
```
  8 7
+ 1 5
-----
1 0 2
```

⑥
```
  6 8
+ 3 4
-----
1 0 2
```

2 つぎの 計算を しましょう。

①
```
  6 3
+ 6 2
-----
1 2 5
```

②
```
  8 2
+ 2 6
-----
1 0 8
```

③
```
  5 7
+ 9 7
-----
1 5 4
```

④
```
  3 4
+ 8 9
-----
1 2 3
```

⑤
```
  5 4
+ 4 6
-----
1 0 0
```

⑥
```
  2 6
+ 7 8
-----
1 0 4
```

46

8 たし算のひっ算 ⑪

学習日　月　日　／　なまえ　／　いろをぬろう

1 白い ビー玉が 43こ、青い ビー玉が
59こ あります。 ビー玉は あわせて
何こですか。

しき　43＋59＝102

```
  4 3
+ 5 9
-----
1 0 2
```

答え　102こ

2 ボールペンを 90円で、けしゴムを 55円で
買いました。あわせて 何円ですか。

しき　90＋55＝145

```
  9 0
+ 5 5
-----
1 4 5
```

答え　145円

3 つぎの 計算を しましょう。

①
```
  3 5
+ 9 2
-----
1 2 7
```

②
```
  6 6
+ 7 3
-----
1 3 9
```

③
```
  5 7
+ 6 4
-----
1 2 1
```

④
```
  4 6
+ 6 7
-----
1 1 3
```

⑤
```
  6 9
+ 3 2
-----
1 0 1
```

⑥
```
  4 7
+ 5 5
-----
1 0 2
```

47

8 たし算のひっ算 ⑫ まとめ

学習日　月　日　／　なまえ　／　ごうかく 80～100 点

1 つぎの 計算を しましょう。 (1つ10点)

①
```
  2 4
+ 4 5
-----
  6 9
```

②
```
  6 5
+ 2 9
-----
  9 4
```

③
```
  8 5
+ 8 7
-----
1 7 2
```

④
```
  6 8
+ 3 4
-----
1 0 2
```

⑤
```
  6 7
+ 7 1
-----
1 3 8
```

⑥
```
  2 7
+ 5 7
-----
  8 4
```

2 1組の はたけから トマトが 28こ、
2組の はたけから トマトが 34こ とれ
ました。トマトは ぜんぶで 何こですか。
(しき10点、答え10点)

しき　28＋34＝62

```
  2 8
+ 3 4
-----
  6 2
```

答え　62こ

3 きのう、しいたけを 64本 とりました。
きょうは 38本 とりました。
あわせて 何本ですか。 (しき10点、答え10点)

しき　64＋38＝102

```
  6 4
+ 3 8
-----
1 0 2
```

答え　102本

48

126

⑨ ひき算のひっ算 ⑦

1 色紙が 128まい ありました。34まい つかいました。のこりは 何まいですか。

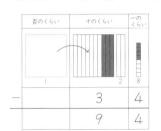

一のくらいは 8−4＝4
十のくらいは 2−3は ひけません。
百のくらいから くり下がります。

くり下がり1回です。
128−34＝94

答え　94まい

2 つぎの 計算を しましょう。

①

117 − 54 = 63

②
127 − 84 = 43

③

146 − 81 = 65

④

155 − 62 = 93

⑤

147 − 66 = 81

⑥
134 − 72 = 62

49

---

⑨ ひき算のひっ算 ⑧

1 125この チョコレートのうち 87こが 売れました。のこりは 何こですか。

一のくらいは 5−7は ひけないので、
十のくらいから くり下げます。十のくらいも
ひけないので、百のくらいから くり下げます。
くり下がりは2回です。

125−87＝38

答え　38こ

2 つぎの 計算を しましょう。

① 121 − 24 = 97
② 133 − 54 = 79
③ 163 − 75 = 88
④ 142 − 74 = 68
⑤ 112 − 34 = 78
⑥ 123 − 79 = 44

50

---

⑨ ひき算のひっ算 ⑨

1 100この すいかのうち 昼までに 63こ 売れました。のこりは 何こですか。

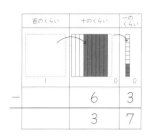

一のくらい、十のくらいが 0なので、
百のくらいから くり下げます。

100−63＝37

答え　37こ

2 つぎの 計算を しましょう。

①
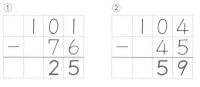
101 − 76 = 25

② 104 − 45 = 59

③
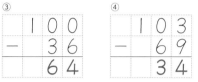
100 − 36 = 64

④ 103 − 69 = 34

⑤ 100 − 25 = 75

⑥ 107 − 19 = 88

51

---

⑨ ひき算のひっ算 ⑩

1 つぎの 計算を しましょう。

①

114 − 53 = 61

② 137 − 43 = 94

③
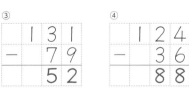
131 − 79 = 52

④ 124 − 36 = 88

⑤
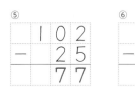
102 − 25 = 77

⑥ 103 − 74 = 29

2 つぎの 計算を しましょう。

①
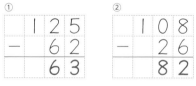
125 − 62 = 63

② 108 − 26 = 82

③
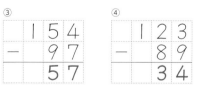
154 − 97 = 57

④ 123 − 89 = 34

⑤
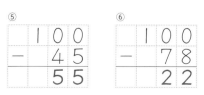
100 − 45 = 55

⑥ 100 − 78 = 22

52

9 ひき算のひっ算 ⑪

学習日　月　日／なまえ

いろをぬろう

1 白い 画用紙が 120まい あります。86まい つかうと、のこりは 何まいですか。

しき　120－86＝34

```
  120
－  86
   34
```

答え　34まい

2 2年生は ぜんぶで 132人です。男子は 76人です。女子は 何人ですか。

しき　132－76＝56

```
  132
－  76
   56
```

答え　56人

3 つぎの 計算を しましょう。

①
```
  137
－  95
   42
```

②
```
  146
－  72
   74
```

③
```
  113
－  46
   67
```

④
```
  153
－  67
   86
```

⑤
```
  106
－  38
   68
```

⑥
```
  100
－  54
   46
```

53

---

9 ひき算のひっ算 ⑫ まとめ

学習日　月　日／なまえ

ごうかく 80〜100点

1 つぎの 計算を しましょう。　（1つ10点）

①
```
  94
－ 28
  66
```

②
```
  74
－ 27
  47
```

③
```
  151
－  76
   75
```

④
```
  102
－  16
   86
```

⑤
```
  133
－  87
   46
```

⑥
```
  162
－  97
   65
```

2 どんぐりが 102こ あります。35こで どんぐりごまを つくりました。のこりの どんぐりは 何こですか。　（しき10点、答え10点）

しき　102－35＝67

```
  102
－  35
   67
```

答え　67こ

3 えんぴつが 144本 あります。85人の 子どもに 1本ずつ くばりました。のこりは 何本ですか。　（しき10点、答え10点）

しき　144－85＝59

```
  144
－  85
   59
```

答え　59本

54

---

10 三角形・四角形 ①

学習日　月　日／なまえ

いろをぬろう

ア ——————　イ 〜〜〜〜

アのように まっすぐな 線の ことを **直線** と いいます。イのように まがった線は 直線とは いいません。

3本の 直線で かこまれた 形を **三角形** と いいます。

三角形の まわりの 直線を **へん** と いいます。かどの 点を **ちょう点** と いいます。

ですから、下の図は 三角形とは いえません。

4本の 直線で かこまれた 形を **四角形** と いいます。

四角形の まわりの 直線を **へん** と いいます。かどの 点を **ちょう点** と いいます。

1 □に あてはまる 数を かきましょう。

① 三角形の ちょう点の 数は 3 こです。

② 三角形の へんの 数は 3 本です。

③ 四角形の ちょう点の 数は 4 こです。

④ 四角形の へんの 数は 4 本です。

55

---

10 三角形・四角形 ②

学習日　月　日／なまえ

いろをぬろう

1 つぎの なかから 三角形、四角形を えらびましょう。

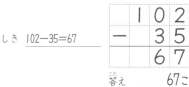
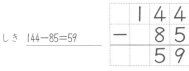

三角形　ア、ク　　四角形　ウ、キ

2 2つの へんを かきたして、三角形を かきましょう。

（れい）

3 3つの へんを かきたして 四角形を かきましょう。

（れい）

56

128

紙を 2回 おって できた かどの 形を **直角** と いいます。三角じょうぎも 直角が あります。

直角の ある 三角形を **直角三角形** と いいます。

1 直角三角形は どれですか。三角じょうぎで 見つけ、きごうを かきましょう。

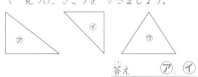

答え　⑦、⑦

2 ほうがん紙の たての 線と よこの 線は 直角に まじわって います。ほうがん紙を つかって、直角三角形を 2つ かきましょう。
（れい）

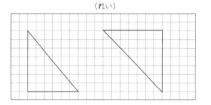

3 つぎの 四角形に 直角が いくつ あるか しらべましょう。

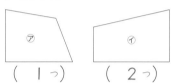

（ 1つ ）　（ 2つ ）

57

4つの かどが みんな 直角に なっている 四角形を **長方形** と いいます。

長方形の むかいあって いる へんの 長さは、同じです。

1 長方形は どれですか。

答え　⑦、⑦

2 図は 長方形です。
① へん⑦の 長さは 何cmですか。

答え　4cm

② へん⑦の 長さは 何cmですか。

答え　3cm

3 ほうがん紙を つかって 長方形を 2つ かきましょう。
（れい）

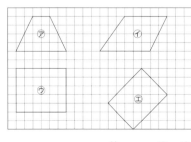

58

4つの かどが みんな 直角で、4つの へんの 長さが みんな 同じ 四角形を **正方形** と いいます。

すべての へんの 長さが 同じ ことが 長方形との ちがいです。

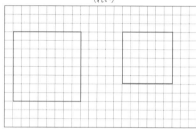

1 正方形は どれですか。

答え　⑦、⑦

2 図は 正方形です。
① へん⑦の 長さは 何cmですか。

答え　3cm

② へん⑦の 長さは 何cmですか。

答え　3cm

3 ほうがん紙を つかって 正方形を 2つ かきましょう。
（れい）

59

1 つぎの （ ）に あてはまる ことばを かきましょう。　（1つ10点）

3本の 直線で かこまれた 形を（① 三角形 ）と いいます。3本の 直線を（② へん ）と いい、かどの 点を（③ ちょう点 ）と いいます。

4本の 直線で かこまれた 形を（④ 四角形 ）と いいます。

4つの かどが みんな 直角の 四角形を （⑤ 長方形 ）と いい、むかいあった へんの 長さは （⑥ 同じ ）です。

4つの かどが 直角で、4つの へんの 長さが 同じ 四角形を（⑦ 正方形 ）と いいます。

2 ほうがん紙を つかって、かきましょう。　（1つ10点）
① 3cmの へんと 4cmの へんが 直角に まじわる 直角三角形。
② 2つの へんの 長さが 4cmと 5cmの 長方形。
③ 1つの へんの 長さが 4cmの 正方形。

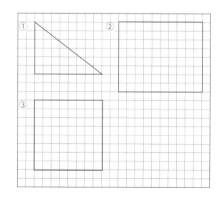

60

129

11 かけ算 ①

学習日 月 日　なまえ　｜　いろをぬろう わからない だいたい できた！

あんパンが 1つの ふくろに 2こずつ 入っています。これが 3ふくろ あります。
あんパンの 数は、1ふくろに
2こずつ が 3ふくろ分 で 6こ です。
このことを しきで あらわすと

$$2 \times 3 = 6$$

（1つ分の数）（いくつ分）（ぜんぶの数）

と かきます。この計算を かけ算と いいます。
2×3の 答えの 6は 2+2+2で もとめられます。
かけ算は、同じ 数の まとまりに 目を つけて それが いくつ分 あるかで、ぜんぶの 数を もとめます。

1 □に あてはまる 数を かきましょう。

①
バナナの 数は
しき $3 \times 4 = 12$
（1つ分の数）（いくつ分）（ぜんぶの数）

②
みかんの 数は
しき $4 \times 3 = 12$

③
なすの 数は
しき $5 \times 3 = 15$

61

---

11 かけ算 ②

学習日 月 日　なまえ　｜　いろをぬろう わからない だいたい できた！

1 □に あてはまる 数を かきましょう。

①
りんごの 数は
しき $2 \times 5 = 10$

②
なしの 数は
しき $3 \times 4 = 12$

③
ももの 数は
しき $4 \times 4 = 16$

2 □に あてはまる 数を かきましょう。

①
みかんの 数は
しき $5 \times 4 = 20$

②
バナナの 数は
しき $6 \times 3 = 18$

③
たこやきの 数は
しき $7 \times 2 = 14$

62

---

11 かけ算 ③　2のだん

学習日 月 日　なまえ　｜　いろをぬろう わからない だいたい できた！

1 かけ算の ひょう（2のだん）を なぞりましょう。また、となえましょう。

サクランボの 数									1あたりの数	いくつ分		ぜんぶの数	となえ方
1	2	3	4	5	6	7	8	9					
									2	×	1	= 2	に いち が に
									2	×	2	= 4	に にん が し
									2	×	3	= 6	に さん が ろく
									2	×	4	= 8	に し が はち
									2	×	5	= 10	に ご じゅう
									2	×	6	= 12	に ろく じゅうに
									2	×	7	= 14	に しち じゅうし
									2	×	8	= 16	に はち じゅうろく
									2	×	9	= 18	に く じゅうはち

63

---

11 かけ算 ④　2のだん

学習日 月 日　なまえ　｜　いろをぬろう わからない だいたい できた！

1 ケーキが おさらに 2こずつ のっています。4さら分では、ケーキは 何こですか。

しき $2 \times 4 = 8$

答え　8こ

2 つるの 足は 2本です。つるは 6わ います。足は ぜんぶで 何本ですか。

しき $2 \times 6 = 12$

答え　12本

3 つぎの 計算を しましょう。

① $2 \times 2 = 4$　② $2 \times 5 = 10$
③ $2 \times 4 = 8$　④ $2 \times 8 = 16$
⑤ $2 \times 6 = 12$　⑥ $2 \times 3 = 6$
⑦ $2 \times 1 = 2$　⑧ $2 \times 9 = 18$
⑨ $2 \times 7 = 14$

64

かけ算 ⑤　5のだん

学習日　月　日　なまえ

いろをぬろう　わからない　だいたいできた　できた!

1 かけ算の ひょう（5のだん）を なぞりましょう。また、となえましょう。

| みかんの数 |||||||||| 1あたりの数 | いくつ分 | ぜんぶの数 | となえ方 |
1	2	3	4	5	6	7	8	9				
									5	× 1	= 5	ご いち が ご
									5	× 2	= 10	ご に じゅう
									5	× 3	= 15	ご さん じゅうご
									5	× 4	= 20	ご し にじゅう
									5	× 5	= 25	ご ご にじゅうご
									5	× 6	= 30	ご ろく さんじゅう
									5	× 7	= 35	ご しち さんじゅうご
									5	× 8	= 40	ご は しじゅう
									5	× 9	= 45	ごっ く しじゅうご

65

 かけ算 ⑥　5のだん

学習日　月　日　なまえ

いろをぬろう　わからない　だいたいできた　できた!

1 バナナが 5本ずつ ついた ものが 6ふさ あります。バナナは ぜんぶで 何本ですか。

しき 5 × 6 = 30

答え　30本

2 なすは 1かごに 5こずつ 入っています。4かご分の なすは 何こですか。

しき 5 × 4 = 20

答え　20こ

3 つぎの 計算を しましょう。

① 5×2 = 10　② 5×5 = 25

③ 5×4 = 20　④ 5×8 = 40

⑤ 5×6 = 30　⑥ 5×3 = 15

⑦ 5×1 = 5　⑧ 5×9 = 45

⑨ 5×7 = 35

66

 かけ算 ⑦　3のだん

学習日　月　日　なまえ

いろをぬろう　わからない　だいたいできた　できた!

1 かけ算の ひょう（3のだん）を なぞりましょう。また、となえましょう。

| きゅうりの数 |||||||||| 1あたりの数 | いくつ分 | ぜんぶの数 | となえ方 |
1	2	3	4	5	6	7	8	9				
									3	× 1	= 3	さん いち が さん
									3	× 2	= 6	さん に が ろく
									3	× 3	= 9	さ ざん が く
									3	× 4	= 12	さん し じゅうに
									3	× 5	= 15	さん ご じゅうご
									3	× 6	= 18	さぶ ろく じゅうはち
									3	× 7	= 21	さん しち にじゅういち
									3	× 8	= 24	さん ぱ にじゅうし
									3	× 9	= 27	さん く にじゅうしち

67

 かけ算 ⑧　3のだん

学習日　月　日　なまえ

いろをぬろう　わからない　だいたいできた　できた!

1 三りん車が 5台 あります。車りんは ぜんぶで 何こですか。

しき 3 × 5 = 15

答え　15こ

2 1本の くしに 3この だんごが さして あります。8本では だんごは 何こですか。

しき 3 × 8 = 24

答え　24こ

3 つぎの 計算を しましょう。

① 3×2 = 6　② 3×5 = 15

③ 3×4 = 12　④ 3×8 = 24

⑤ 3×6 = 18　⑥ 3×3 = 9

⑦ 3×1 = 3　⑧ 3×9 = 27

⑨ 3×7 = 21

68

学習日　月　日　／　なまえ

1 かけ算の ひょう（4のだん）を なぞりましょう。また、となえましょう。

だんごの 数										1あたりの数		いくつ分		ぜんぶの数	となえ方
1	2	3	4	5	6	7	8	9							
									4	×	1	=	4	し いち が し
									4	×	2	=	8	し に が はち
									4	×	3	=	12	し さん じゅうに
									4	×	4	=	16	し し じゅうろく
									4	×	5	=	20	し ご にじゅう
									4	×	6	=	24	し ろく にじゅうし
									4	×	7	=	28	し しち にじゅうはち
									4	×	8	=	32	し は さんじゅうに
									4	×	9	=	36	し く さんじゅうろく

69

学習日　月　日　／　なまえ

1 1ぴきの とんぼに はねが 4まい あります。6ぴきの とんぼの はねは ぜんぶで 何まいですか。

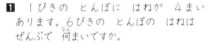

しき 4 × 6 = 24

答え　24まい

2 1はこに ゼリーが 4こ 入っています。4はこでは、ゼリーは ぜんぶで 何こですか。

しき 4 × 4 = 16

答え　16こ

3 つぎの 計算を しましょう。

① 4×2 = 8　② 4×5 = 20

③ 4×4 = 16　④ 4×8 = 32

⑤ 4×6 = 24　⑥ 4×3 = 12

⑦ 4×1 = 4　⑧ 4×9 = 36

⑨ 4×7 = 28

70

学習日　月　日　／　なまえ

1 かけ算の ひょう（6のだん）を なぞりましょう。また、となえましょう。

チーズの 数										1あたりの数		いくつ分		ぜんぶの数	となえ方
1	2	3	4	5	6	7	8	9							
									6	×	1	=	6	ろく いち が ろく
									6	×	2	=	12	ろく に じゅうに
									6	×	3	=	18	ろく さん じゅうはち
									6	×	4	=	24	ろく し にじゅうし
									6	×	5	=	30	ろく ご さんじゅう
									6	×	6	=	36	ろく ろく さんじゅうろく
									6	×	7	=	42	ろく しち しじゅうに
									6	×	8	=	48	ろく は しじゅうはち
									6	×	9	=	54	ろっ く ごじゅうし

71

学習日　月　日　／　なまえ

1 せみには 足が 6本 あります。せみ 6ぴき分の 足は ぜんぶで 何本ですか。

しき 6 × 6 = 36

答え　36本

2 1ケースに ジュースが 6本 入っています。3ケース分の ジュースは ぜんぶで 何本ですか。

しき 6 × 3 = 18

答え　18本

3 つぎの 計算を しましょう。

① 6×2 = 12　② 6×5 = 30

③ 6×4 = 24　④ 6×8 = 48

⑤ 6×6 = 36　⑥ 6×3 = 18

⑦ 6×1 = 6　⑧ 6×9 = 54

⑨ 6×7 = 42

72

⑪ かけ算 ⑬　7のだん

学習日　月　日　／　なまえ

いろを ぬろう　わからない　だいたいできた　できた

1 かけ算の ひょう（7のだん）を なぞりましょう。また、となえましょう。

星の 数									1あたりの数	いくつ分	ぜんぶの数	となえ方
1	2	3	4	5	6	7	8	9	---	---	---	---
									$7 × 1 = 7$			しち いち が しち
									$7 × 2 = 14$			しち に じゅうし
									$7 × 3 = 21$			しち さん にじゅういち
									$7 × 4 = 28$			しち し にじゅうはち
									$7 × 5 = 35$			しち ご さんじゅうご
									$7 × 6 = 42$			しち ろく しじゅうに
									$7 × 7 = 49$			しち しち しじゅうく
									$7 × 8 = 56$			しち は ごじゅうろく
									$7 × 9 = 63$			しち く ろくじゅうさん

73

⑪ かけ算 ⑭　7のだん

学習日　月　日　／　なまえ

いろを ぬろう　わからない　だいたいできた　できた

1 1人に 7こずつ たこやきを くばります。5人に くばるには、たこやきは 何こ いりますか。

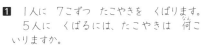

しき　$7 × 5 = 35$

答え　35こ

2 1週間は 7日です。4週間は 何日ですか。

しき　$7 × 4 = 28$

答え　28日

3 つぎの 計算を しましょう。

① $7 × 2 = 14$　② $7 × 5 = 35$

③ $7 × 4 = 28$　④ $7 × 8 = 56$

⑤ $7 × 6 = 42$　⑥ $7 × 3 = 21$

⑦ $7 × 1 = 7$　⑧ $7 × 9 = 63$

⑨ $7 × 7 = 49$

74

⑪ かけ算 ⑮　8のだん

学習日　月　日　／　なまえ

いろを ぬろう　わからない　だいたいできた　できた

1 かけ算の ひょう（8のだん）を なぞりましょう。また、となえましょう。

足の 数									1あたりの数	いくつ分	ぜんぶの数	となえ方
1	2	3	4	5	6	7	8	9	---	---	---	---
									$8 × 1 = 8$			はち いち が はち
									$8 × 2 = 16$			はち に じゅうろく
									$8 × 3 = 24$			はち さん にじゅうし
									$8 × 4 = 32$			はっ し さんじゅうに
									$8 × 5 = 40$			はち ご しじゅう
									$8 × 6 = 48$			はち ろく しじゅうはち
									$8 × 7 = 56$			はち しち ごじゅうろく
									$8 × 8 = 64$			はっ ぱ ろくじゅうし
									$8 × 9 = 72$			はっ く しちじゅうに

75

⑪ かけ算 ⑯　8のだん

学習日　月　日　／　なまえ

いろを ぬろう　わからない　だいたいできた　できた

1 1つの ネットに たまごを 8こずつ 入れます。ネット 5つ分の たまごは 何こですか。

しき　$8 × 5 = 40$

答え　40こ

2 たこやきを 1人が 8こずつ 食べます。8人分では たこやきは 何こに なりますか。

しき　$8 × 8 = 64$

答え　64こ

3 つぎの 計算を しましょう。

① $8 × 2 = 16$　② $8 × 5 = 40$

③ $8 × 4 = 32$　④ $8 × 8 = 64$

⑤ $8 × 6 = 48$　⑥ $8 × 3 = 24$

⑦ $8 × 1 = 8$　⑧ $8 × 9 = 72$

⑨ $8 × 7 = 56$

76

⑪ かけ算 ⑰ 9のだん

学習日 月 日　なまえ

いろをぬろう

1 かけ算の ひょう（9のだん）を なぞりましょう。また、となえましょう。

ぶどうの 数									1あたりの数		いくつ分		ぜんぶの数	となえ方
1	2	3	4	5	6	7	8	9						
									9	×	1	=	9	く いち が く
									9	×	2	=	18	く に じゅうはち
									9	×	3	=	27	く さん にじゅうしち
									9	×	4	=	36	く し さんじゅうろく
									9	×	5	=	45	く ご しじゅうご
									9	×	6	=	54	く ろく ごじゅうし
									9	×	7	=	63	く しち ろくじゅうさん
									9	×	8	=	72	く は しちじゅうに
									9	×	9	=	81	く く はちじゅういち

77

---

⑪ かけ算 ⑱ 9のだん

学習日 月 日　なまえ

いろをぬろう

1 1はこに 9こずつ チョコレートが 入っています。3はこ分の チョコレートは 何こですか。

しき 9 × 3 = 27

答え 27こ

2 やきゅうは 1チーム 9人で します。4チーム 作るには 何人の せん手が いりますか。

しき 9 × 4 = 36

答え 36人

3 つぎの 計算を しましょう。

① 9×2 = 18　② 9×5 = 45

③ 9×4 = 36　④ 9×8 = 72

⑤ 9×6 = 54　⑥ 9×3 = 27

⑦ 9×1 = 9　⑧ 9×9 = 81

⑨ 9×7 = 63

78

---

⑪ かけ算 ⑲ 1のだん

学習日 月 日　なまえ

いろをぬろう

1 かけ算の ひょう（1のだん）を なぞりましょう。また、となえましょう。

車りんの 数									1あたりの数		いくつ分		ぜんぶの数	となえ方
1	2	3	4	5	6	7	8	9						
									1	×	1	=	1	いん いち が いち
									1	×	2	=	2	いん に が に
									1	×	3	=	3	いん さん が さん
									1	×	4	=	4	いん し が し
									1	×	5	=	5	いん ご が ご
									1	×	6	=	6	いん ろく が ろく
									1	×	7	=	7	いん しち が しち
									1	×	8	=	8	いん はち が はち
									1	×	9	=	9	いん く が く

79

---

⑪ かけ算 ⑳ 1のだん

学習日 月 日　なまえ

いろをぬろう

1 かかしの 足は 1本です。4つ分の かかしの 足の 数は 何本ですか。

しき 1 × 4 = 4

答え 4本

2 1人が 1さつの 本を 読みます。6人が 読むと、本は 何さつ いりますか。

しき 1 × 6 = 6

答え 6さつ

3 つぎの 計算を しましょう。

① 1×2 = 2　② 1×5 = 5

③ 1×4 = 4　④ 1×8 = 8

⑤ 1×6 = 6　⑥ 1×3 = 3

⑦ 1×1 = 1　⑧ 1×9 = 9

⑨ 1×7 = 7

80

134

学習日 月 日　なまえ

いろをぬろう わからない だいたいできた できた!

1 つぎの 計算を しましょう。

① 4×5 = 20　② 9×5 = 45

③ 6×2 = 12　④ 3×3 = 9

⑤ 5×7 = 35　⑥ 5×6 = 30

⑦ 2×4 = 8　⑧ 2×8 = 16

⑨ 6×6 = 36　⑩ 9×9 = 81

⑪ 7×1 = 7　⑫ 8×8 = 64

2 つぎの 計算を しましょう。

① 5×3 = 15　② 2×3 = 6

③ 3×8 = 24　④ 8×5 = 40

⑤ 2×9 = 18　⑥ 7×5 = 35

⑦ 4×4 = 16　⑧ 5×4 = 20

⑨ 2×5 = 10　⑩ 4×8 = 32

⑪ 1×9 = 9　⑫ 7×8 = 56

81

学習日 月 日　なまえ

いろをぬろう わからない だいたいできた できた!

1 つぎの 計算を しましょう。

① 6×4 = 24　② 2×7 = 14

③ 8×6 = 48　④ 3×7 = 21

⑤ 6×9 = 54　⑥ 4×7 = 28

⑦ 9×3 = 27　⑧ 8×4 = 32

⑨ 7×9 = 63　⑩ 6×3 = 18

⑪ 5×8 = 40　⑫ 4×3 = 12

2 つぎの 計算を しましょう。

① 5×5 = 25　② 8×3 = 24

③ 4×6 = 24　④ 3×4 = 12

⑤ 8×9 = 72　⑥ 2×2 = 4

⑦ 7×4 = 28　⑧ 8×2 = 16

⑨ 9×6 = 54　⑩ 3×5 = 15

⑪ 5×1 = 5　⑫ 6×7 = 42

82

学習日 月 日　なまえ

いろをぬろう わからない だいたいできた できた!

1 つぎの 計算を しましょう。

① 7×3 = 21　② 9×4 = 36

③ 6×8 = 48　④ 7×7 = 49

⑤ 3×9 = 27　⑥ 8×7 = 56

⑦ 3×2 = 6　⑧ 6×7 = 42

⑨ 9×7 = 63　⑩ 5×2 = 10

⑪ 5×7 = 35　⑫ 2×1 = 2

2 つぎの 計算を しましょう。

① 9×8 = 72　② 3×6 = 18

③ 4×9 = 36　④ 7×6 = 42

⑤ 9×2 = 18　⑥ 8×8 = 64

⑦ 7×8 = 56　⑧ 2×6 = 12

⑨ 4×3 = 12　⑩ 6×5 = 30

⑪ 8×5 = 40　⑫ 6×3 = 18

83

学習日 月 日　なまえ

いろをぬろう わからない だいたいできた できた!

1 つぎの 計算を しましょう。

① 7×2 = 14　② 5×8 = 40

③ 8×1 = 8　④ 9×4 = 36

⑤ 2×7 = 14　⑥ 5×5 = 25

⑦ 4×7 = 28　⑧ 6×9 = 54

⑨ 8×4 = 32　⑩ 3×5 = 15

⑪ 1×6 = 6　⑫ 6×4 = 24

2 つぎの 計算を しましょう。

① 4×2 = 8　② 5×6 = 30

③ 8×3 = 24　④ 7×9 = 63

⑤ 6×8 = 48　⑥ 3×7 = 21

⑦ 4×6 = 24　⑧ 7×5 = 35

⑨ 8×9 = 72　⑩ 7×7 = 49

⑪ 5×4 = 20　⑫ 4×4 = 16

84

⑪ かけ算 ㉕ まとめ

学習日　月　日　なまえ　　ごうかく 80〜100 点

1 つぎの 計算を しましょう。 (1つ5点)

① 9×3= 27　② 7×5= 35

③ 9×7= 63　④ 6×4= 24

⑤ 7×7= 49　⑥ 8×4= 32

⑦ 6×7= 42　⑧ 9×5= 45

⑨ 6×9= 54　⑩ 8×8= 64

⑪ 4×5= 20　⑫ 6×6= 36

2 3人がけの いすが 6きゃく あります。
ぜんぶで 何人が こしかけられますか。 (しき10点、答え10点)

しき 3 × 6 = 18

答え　18人

3 せみの 足は 6本です。
せみ 7ひき分の 足は 何本ですか。 (しき10点、答え10点)

しき 6 × 7 = 42

答え　42本

85

---

⑫ 1000より大きい数 ①

学習日　月　日　なまえ

1の タイルが 10こ あつまって 10に なります。
10の タイルが 10こ あつまって 100に なります。

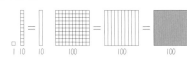

100の タイルが 10こ あつまって 1000に なりました。

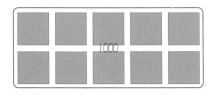

1 つぎの 数は いくつですか。

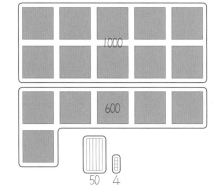

答え 1654

86

---

⑫ 1000より大きい数 ②

学習日　月　日　なまえ

1 □に あてはまる 数を かきましょう。

① 2654は、1000を 2 こと、100を 6 こと、10を 5 こと、1を 4 こ あわせた 数です。

② 4702は、1000を 4 こと、100を 7 こと、1を 2 こ あわせた 数です。

③ 5039は、1000を 5 こと、10を 3 こと、1を 9 こ あわせた 数です。

④ 8060は、1000を 8 こと、10を 6 こ あわせた 数です。

2 つぎの 数を かきましょう。

① 1000を 3こと、100を 4こと、10を 6こと、1を 5こ あわせた 数
3465

② 1000を 8こと、100を 7こと、1を 3こ あわせた 数
8703

③ 1000を 6こと、10を 9こと、1を 4こ あわせた 数
6094

④ 1000を 2こと、100を 4こ あわせた 数
2400

⑤ 1000を 5こと、10を 7こ あわせた 数
5070

87

---

⑫ 1000より大きい数 ③

学習日　月　日　なまえ

100を 10こ あつめた 数が 1000でした。
100を 11こ あつめると どうなりますか。

そうです。1100に なります。

1 つぎの 数を かきましょう。

① 100を 15こ あつめた 数
1500

② 100を 20こ あつめた 数
2000

2 □に あてはまる 数を かきましょう。

① 3500は、100を 35 こ あつめた 数です。

② 2500は、100を 25 こ あつめた 数です。

③ 7200は、100 を 72こ あつめた 数です。

④ 6800は、100 を 68こ あつめた 数です。

⑤ 6800は、10 を 680こ あつめた 数です。

⑥ 4500は、10 を 450こ あつめた 数です。

88

136

二千六百五十四を 数字に なおしてみると 右の ように なります。

千のくらい	百のくらい	十のくらい	一のくらい
二千	六百	五十	四
2	6	5	4

2654の 数字の 読み方は、くらいどりに ちゅういして 読みます。

千のくらい	百のくらい	十のくらい	一のくらい
2	6	5	4
二千	六百	五十	四

1 つぎの 数を 数字で かきましょう。

① 五千三百八十六

千	百	十	一
5	3	8	6

② 七千四百二 — 7 4 0 2

③ 二千九百 — 2 9 0 0

④ 六千三十二 — 6 0 3 2

⑤ 九千一 — 9 0 0 1

2 つぎの 数の 読み方を かきましょう。

①

千	百	十	一
7	6	9	2

七千六百九十二

② 7690 — 七千六百九十

③ 7602 — 七千六百二

④ 7092 — 七千九十二

⑤ 7600 — 七千六百

89

1000が 10こ あつまると 一万に なります。

1 □に あてはまる 数を かきましょう。

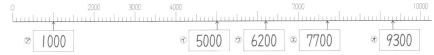

⑦ 1000　　　⑦ 5000　⑦ 6200　⑦ 7700　　　⑦ 9300

2 ⑦2300、⑦4100、⑦5500、⑦7800、⑦9900を 下の 数直線に かきましょう。

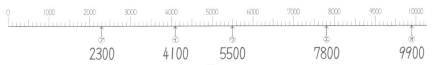

⑦ 2300　　⑦ 4100　⑦ 5500　　　⑦ 7800　　　⑦ 9900

90

1 つぎの 数を かきましょう。 (1つ5点)

① 6599より 1 大きい数。
答え 6600

② 9990より 10 大きい数。
答え 10000

③ 8000より 1 小さい数。
答え 7999

④ 10000より 10 小さい数。
答え 9990

2 大小を あらわす きごう <、>を かきましょう。 (1つ5点)

① 4789 < 4802　② 6452 > 6425

③ 8808 < 8880　④ 7103 > 7089

3 □に あてはまる 数を かきましょう。 (1つ5点)

⑦ 1000　⑦ 3000　⑦ 5200　⑦ 7700

4 □に あてはまる 数を かきましょう。 (□が1つ5点)

① 3998 — 3999 — 4000 — 4001

② 5960 — 5970 — 5980 — 5990

5 □に あてはまる 数を ぜんぶ かきましょう。 (□が1つ2点)

① 5520は、5□60より 大きい数。

4　3　2　1　0

② 9457は、9□34より 小さい数。

5　6　7　8　9

91

教室の 入リロの 高さや、こくばんの よこの 長さを はかるには 1メートル(1m)の ものさしを つかいます。

1m=100cm

1 つくえの 長さは 図の 大きさでした。たて、よこの 長さを かきましょう。

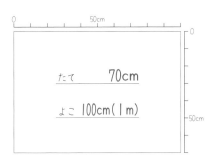

たて 70cm

よこ 100cm(1m)

2 何m何cmですか。

①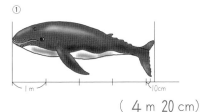

(4 m 20 cm)

②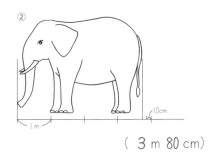

(3 m 80 cm)

92

137

⑬ 長 さ ⑧

学習日 月 日　なまえ　いろをぬろう

1 □に あてはまる 数を かきましょう。

① 3m＝ **300** cm

② 6m＝ **600** cm

③ 200cm＝ **2** m

④ 400cm＝ **4** m

⑤ 2m58cm＝ **258** cm

⑥ 5m6cm＝ **506** cm

⑦ 347cm＝ **3** m **47** cm

⑧ 603cm＝ **6** m **3** cm

2 いろいろな ものの 長さを はかりました。
□に あてはまる 数を かきましょう。

① せの 高さ

144cm＝ **1** m **44** cm

② 自どう車の 長さ

4m45cm＝ **445** cm

3 □に あてはまる たんいを かきましょう。

①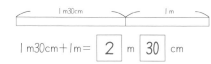

1円の はば 20 **mm**

②

本の 高さ 21 **cm**

③

ビルの 高さ 21 **m**

93

⑬ 長 さ ⑨

学習日 月 日　なまえ　いろをぬろう

1 1m30cmの ぼうに、1mの ぼうを つなぎました。長さは 何m何cmですか。

1m30cm＋1m＝ **2** m **30** cm

2 つぎの 計算を しましょう。

① 1m20cm＋2m＝ **3** m **20** cm

② 2m10cm＋30cm＝ **2** m **40** cm

③ 1m20cm＋1m20cm
　　＝ **2** m **40** cm

④ 2m30cm＋3m20cm
　　＝ **5** m **50** cm

3 1m30cmの ぼうと、1mの ぼうが あります。長さの ちがいは 何cmですか。

1m30cm－1m＝ **30** cm

4 つぎの 計算を しましょう。

① 2m40cm－1m＝ **1** m **40** cm

② 1m60cm－20cm＝ **1** m **40** cm

③ 3m50cm－1m20cm
　　＝ **2** m **30** cm

④ 4m60cm－2m50cm
　　＝ **2** m **10** cm

94

⑬ 長 さ ⑩ まとめ

学習日 月 日　なまえ　ごうかく 80〜100点

1 □に あてはまる 数を かきましょう。（□1つ5点）

① 1cm＝ **10** mm

② 1m＝ **100** cm

③ 5cmと 4mmを あわせた 長さは
5 cm **4** mmで、**54** mmです。

④ 2mと 80cmを あわせた 長さは
2 m **80** cmで、**280** cmです。

⑤ 4mと 3mを あわせた 長さは
7 mで、**700** cmです。

2 つぎの 計算を しましょう。（□1つ5点）

① 5mm＋4mm＝ **9** mm

② 12mm－6mm＝ **6** mm

③ 8cm＋7cm＝ **15** cm

④ 20cm－8cm＝ **12** cm

⑤ 2m＋3m＝ **5** m

⑥ 5m－1m＝ **4** m

⑦ 3m10cm＋50cm＝ **3** m **60** cm

⑧ 4m60cm－20cm＝ **4** m **40** cm

95

⑭ 図をつかって ①

学習日 月 日　なまえ　いろをぬろう

1 2年生は、1組と 2組が あります。1組は 27人、2組は 28人です。2年生は ぜんぶで 何人 ですか。

2年生?人
1組27人　2組28人

しき 27＋28＝55

```
  2 7
＋ 2 8
  5 5
```

答え **55人**

2 ももが 12こ あります。何こか 買ってきたので、ぜんぶで 30こに なりました。買ってきたのは、何こですか。

ぜんぶで 30こ
はじめ12こ　?こ買った

しき 30－12＝18

```
  3 0
－ 1 2
  1 8
```

答え **18こ**

96

⑭ 図をつかって ②

❶ 色紙が 45まい ありました。何まいか つかったので、のこりが 27まいに なりました。何まい つかいましたか。

色紙45まい
？まいつかう　のこり27まい

しき　45-27=18

```
  4 5
- 2 7
  1 8
```

答え　18まい

❷ りんごが、何こか ありました。24こを くばったので、のこりが 13こに なりました。りんごは、はじめ 何こ ありましたか。

はじめ？こ
24こくばる　のこり13こ

しき　24+13=37

```
  2 4
+ 1 3
  3 7
```

答え　37こ

97

⑭ 図をつかって ③

❶ 赤い 色紙は 28まい、青い 色紙は 32まい あります。青い 色紙は 赤い 色紙より 何まい 多いですか。

28まい
？まい多い
赤
青
32まい

しき　32-28=4

```
  3 2
- 2 8
    4
```

答え　4まい

❷ わたしは、どんぐりを 23こ ひろいました。兄は、わたしより 11こ 多く ひろったと いっています。兄は どんぐりを 何こ ひろいましたか。

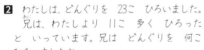

23こ
わたし
兄
11こ多い
？こ

しき　23+11=34

```
  2 3
+ 1 1
  3 4
```

答え　34こ

98

⑭ 図をつかって ④

❶ わたしは、絵カードを 32まい もっています。こうじくんは、わたしより 6まい 少ないそうです。こうじくんは、絵カードを 何まい もっていますか。

わたし
こうじ
32まい
6まい少ない
？まい

しき　32-6=26

```
  3 2
-   6
  2 6
```

答え　26まい

❷ みんなで しゃしんを とりました。6きゃくの いすに 1人ずつ すわり、そのうしろに 12人が 立ちました。みんなで、何人で しゃしんを とりましたか。

いす6きゃく
すわった6人　立った12人
みんなで？人

しき　6+12=18

```
    6
+ 1 2
  1 8
```

答え　18人

99

⑮ かんたんな分数 ①

まるい 形を、同じ 大きさの 2つに 分けます。
2つに 分けた 1つ分を 2分の1と いい、$\frac{1}{2}$ と かきます。

まるい 形を、同じ 大きさの 3つに 分けます。
3つに 分けた 1つ分を 3分の1と いい、$\frac{1}{3}$ と かきます。

❶ $\frac{1}{2}$に、色を ぬりましょう。

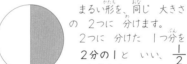

（れい）

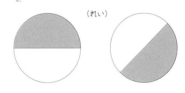

❷ $\frac{1}{3}$に 色を ぬりましょう。

（れい）

100

まるい 形を、同じ 大きさ の 4つに 分けます。
4つに 分けた 1つ分を 4分の1と いい、$\frac{1}{4}$ と かきます。

1 $\frac{1}{4}$に、色を ぬりましょう。

（れい）

2 正方形の $\frac{1}{4}$に 色を ぬりましょう。

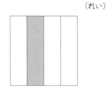
（れい）

3 長方形の $\frac{1}{4}$に 色を ぬりましょう。

（れい）

101

---

1 右の はこの めんの 形を 紙に うつしとり ました。

4cm / 3cm / 2cm / めん / めん / へん / ちょう点

1cm

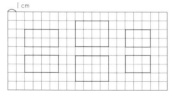

① めんの 形は、何という 四角形ですか。
　　答え　**長方形**

② めんの 数は いくつですか。
　　答え　**6つ**

③ 同じ 形の めんは、いくつずつ ありますか。
　　答え　**2つずつ**

2 サイコロの めんの 形を 紙に うつしとり ました。

4cm

1cm

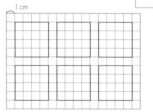

① めんの 形は、何という 四角形ですか。
　　答え　**正方形**

② めんの 数は、いくつですか。
　　答え　**6つ**

③ 同じ 形の めんは、いくつ ありますか。
　　答え　**6つ**

102

---

1 ひごと ねん土玉 で、はこの 形を つくりました。

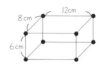
8cm / 12cm / 8cm / 6cm

① どんな 長さの ひごを 何本ずつ よういすれば よいですか。

6cmの ひご **4** 本

8cmの ひご **4** 本

12cmの ひご **4** 本

② ねん土玉は 何こ よういすれば よい ですか。

ねん土玉 **8** こ

2 ひごと ねん土玉で 右のような はこの 形を つくりました。

8cm / 8cm / 8cm / 8cm

① どんな 長さの ひごを 何本 ようい すれば よいですか。

答え　**8cmを12本**

② ねん土玉は 何こ よういすれば よい ですか。

答え　**8こ**

103

---

1 画用紙に、はこの めんを かいて、切りとって 組みたてようと 思います。

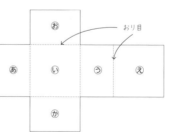
お / おり目 / あ / い / う / え / か

① はこに したとき、あと むきあう めんは どれですか。
　　答え　**う**

② はこに したとき、おと むきあう めんは どれですか。
　　答え　**か**

2 画用紙に、サイコロの めんを かいて、切りとって 組みたてようと 思います。

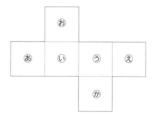
お / あ / い / う / え / か

① サイコロに したとき、いと むきあう めんは、どれですか。
　　答え　**え**

② サイコロに したとき、かと むきあう めんは、どれですか。
　　答え　**お**

104

140

となりあった
2つの 数を
たして 上へ
のぼって いき
ます。これが つみ木の 計算です。

20 ←12+8
7+5→ 12｜8 ←5+3
7｜5｜3

1 つみ木の 計算を しましょう。

① 22 / 12｜10 / 5｜7｜3
② 18 / 10｜8 / 7｜3｜5
③ 24 / 11｜13 / 2｜9｜4
④ 31 / 15｜16 / 8｜7｜9

2 つみ木の 計算を しましょう。

①
46
21｜25
9｜12｜13
4｜5｜7｜6

②
112
52｜60
24｜28｜32
11｜13｜15｜17

105

右のように
下に さがるとき
は、ひき算に な
ります。

21
21-8→ 13｜8

1 つみ木の 計算を しましょう。

① 21 / 9｜12 / 5｜4｜8
② 24 / 11｜13 / 5｜6｜7
③ 25 / 12｜13 / 8｜4｜9
④ 26 / 12｜14 / 7｜5｜9

2 つみ木の 計算を しましょう。

①
53
25｜28
13｜12｜16
8｜5｜7｜9

②
60
28｜32
13｜15｜17
6｜7｜8｜9

106

ひとふでがきの きまりは
① かきはじめから おわりまで 紙から
えんぴつを はなさない。
② 同じ 線上は 2ど とおれない。

（れい）
 （ほかにも かき方は あります）

 ×（かけません）

1 ひとふでがきが できるものに ○、でき
ないものに ×を かきましょう。

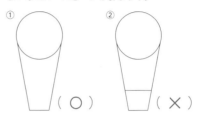
① （○）　② （×）

2 ひとふでがきが できるものに ○、でき
ないものに ×を かきましょう。

 ① （○）
 ② （×）
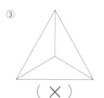 ③ （×）
 ④ （○）

107

×				かける数					
	1	2	3	4	5	6	7	8	9
1	1	2	3	4	5	6	7	8	9
2	2	4	6	8	10	12	14	16	18
3	3	6	9	12	15	18	21	24	27
4	4	8	12	16	20	24	28	32	36
5	5	10	15	20	25	30	35	40	45
6	6	12	18	24	30	36	42	48	54
7	7	14	21	28	35	42	49	56	63
8	8	16	24	32	40	48	56	64	72
9	9	18	27	36	45	54	63	72	81

（左の見出し：かけられる数）

4｜6
6｜9
6-4=2　2ふえるのは 2のだん！
2×3=6　下のだんは 3のだん
3×3=9

1 九九の ひょうから 4マスを とり出し
ました。□に 入る 数を かきましょう。

① 9｜12 / 12｜16
② 14｜16 / 21｜24
③ 20｜24 / 25｜30
④ 14｜21 / 16｜24
⑤ 10｜12 / 18 / 24
⑥ 20 / 18｜24 / 21

108

141

⑰ 特別ゼミ　九九のひょう ②

学習日　月　日　なまえ

いろをぬろう（わからない／だいたいできた／できた！）

1 九九の ひょうから 4マスを とり出しました。□に 入る 数を かきましょう。

①
| 25 | 30 |
| 30 | 36 |

②
| 9 | 12 |
| 12 | 16 |

③
| 36 | 42 |
| 42 | 49 |

④
| 64 | 72 |
| 72 | 81 |

⑤
| 8 | 10 |
| | 15 | 18 |

⑥
| | | 20 |
| 20 | 25 | 30 |

2 九九の ひょうから 9マスを とり出しました。□に 入る 数を かきましょう。

①
8	10	12
15	18	21
24	28	32

②
20	25	30
	30	36	42
		49	56	63

109

⑰ 特別ゼミ　かけ算のせいしつ ②

学習日　月　日　なまえ

いろをぬろう（わからない／だいたいできた／できた！）

1 ○の 数を 数えましょう。

①
$$5 \times 8 = 40 \text{（こ）}$$

②
$$5 \times 7 + 5 = 40 \text{（こ）}$$

1 で 5×8＝40、5×7＝35 でした。
5のだんの 九九は 5ずつ ふえるので、つぎの ことが いえます。

$$5 \times 8 = 5 \times 7 + 5$$
$$5 \times 8 = 5 \times 9 - 5$$

2 ひとしい ものを 線で むすびましょう。

① 7×6 — ㋒ 4×8＋4
② 4×9 — ㋑ 7×5＋7
③ 6×5 — ㋒ 6×4＋6
④ 8×3 — ㋓ 9×6－9
⑤ 9×5 — ㋔ 8×4－8

111

⑰ 特別ゼミ　かけ算のせいしつ ①

学習日　月　日　なまえ

いろをぬろう（わからない／だいたいできた／できた！）

1 ○の 数を 数えましょう。

①
$$4 \times 7 = 28 \text{（こ）}$$

②
$$7 \times 4 = 28 \text{（こ）}$$

1 で 4×7＝28、7×4＝28 でした。
かけ算のとき、かけられる数と、かける数を入れかえても ひとしい ことが いえます。
つまり

$$4 \times 7 = 7 \times 4$$

2 ひとしい ものを 線で むすびましょう。

① 5×3 — ㋗ 8×6
② 6×8 — ㋑ 3×5
③ 3×7 — ㋒ 4×5
④ 9×6 — ㋓ 6×9
⑤ 5×4 — ㋔ 7×3

110

⑰ 特別ゼミ　かけ算のせいしつ ③

学習日　月　日　なまえ

いろをぬろう（わからない／だいたいできた／できた！）

5のだんの 九九は 5ずつ ふえました。
この せいしつを つかうと、つぎのように なります。

$$5 \times 10 = 5 \times 9 + 5 = 50$$
$$5 \times 11 = 5 \times 10 + 5 = 55$$
$$5 \times 12 = 5 \times 11 + 5 = 60$$

1 つぎの 計算を しましょう。

① 2×10＝2×9＋2 ＝ 20
② 2×11＝2×10＋2 ＝ 22
③ 2×12＝2×11＋2 ＝ 24

2 つぎの 計算を しましょう。

① 3×10＝ 30
② 3×11＝ 33
③ 4×10＝ 40
④ 4×11＝ 44
⑤ 6×10＝ 60
⑥ 6×11＝ 66
⑦ 7×10＝ 70
⑧ 7×11＝ 77
⑨ 8×10＝ 80
⑩ 8×11＝ 88
⑪ 9×10＝ 90
⑫ 9×11＝ 99

112

142

| 学 習 日 | なまえ |
| 月　日 | |

いろを
ぬろう
わからだいたいできた！
ないできた

1 ○の 数を 数えましょう。

① ○○○○○○○○○○○○
○○○○○○○○○○○○
○○○○○○○○○○○○
○○○○○○○○○○○○

$$4 \times 12 = 48 \text{（こ）}$$

② ○○○○○○○○○○
○○○○○○○○○○
○○○○○○○○○○
○○○○○○○○○○
○○○○○○○○○○
○○○○○○○○○○
○○○○○○○○○○

$$7 \times 10 = 70 \text{（こ）}$$

2 ○の 数を 数えましょう。

$$6 \times 12 = 72 \text{（こ）}$$

113

| 学 習 日 | なまえ |
| 月　日 | |

いろを
ぬろう
わからだいたいできた！
ないできた

10円玉が ならんでいます。

10×1 ＝10（円）　　10×2 ＝20（円）

10×3 ＝30（円）　　10×4 ＝40（円）

10×5 ＝50（円）　　10×6 ＝60（円）

10×7 ＝70（円）　　10×8 ＝80（円）

……。これは 10のだんの かけ算ですね。

10の かけ算には、つぎのような 計算の
しかたも あります。

0を1つかく

$$10 \times 9 = 90$$

1×9

また、かけ算には、かけられる数と かける
数を 入れかえても、答えは 同じに なる
せいしつより

0を1つかく

$$9 \times 10 = 90$$

9×1

1 つぎの 計算を しましょう。

① 7×10＝ 70

② 8×10＝ 80

114

143

基礎から活用まで　まるっと算数プリント　小学2年生

2020年 1 月20日　第 1 刷　発行
2023年 5 月20日　第 2 刷　発行

●著　者　金井　敬之　他

●企　画　清風堂書店

●発行所　フォーラム・A
　〒530−0056　大阪市北区兎我野町15−13
　TEL：06(6365)5606／FAX：06(6365)5607
　振替　00970−3−127184

●発行者　面屋　洋

●表紙デザイン　ウエナカデザイン事務所

　書籍情報などは
　フォーラム・Aホームページまで
　http://foruma.co.jp